中国电子教育学会高教分会推荐
普通高等教育电子信息类"十三五"课改规划教材
上海理工大学"精品本科"系列教材

数字电子技术实验与仿真

主　编　顾秋洁　谭爱国　孙　浩
参　编　沈　易　杨一波　何杏宇　江　霓　李　磊

西安电子科技大学出版社

内 容 简 介

本书是高等院校本科数字电子技术课程的实验教材。全书分为四章，内容包括数字电子技术实验基础知识、数字电子技术基础实验、数字电子技术综合设计实验以及数字电子技术软件仿真实验。附录介绍了常用仪器仪表的使用和常用集成芯片引脚图。

本书可作为高等院校电气、电子信息、计算机、医疗器械和机电一体化等专业的实验教材，也可作为课程设计、电子设计竞赛和开放性实验的实践教材，同时可供从事电子工程设计和研制工作的技术人员参考。

图书在版编目(CIP)数据

数字电子技术实验与仿真/顾秋洁，谭爱国，孙浩主编．
—西安：西安电子科技大学出版社，2016.2(2017.7 重印)
普通高等教育电子信息类"十三五"课改规划教材
ISBN 978 - 7 - 5606 - 3953 - 6

Ⅰ. ① 数… Ⅱ. ① 顾… ② 谭… ③ 孙… Ⅲ. ① 数字电路—电子技术—实验—高等学校—教材 ② 数字电路—电子技术—计算机仿真—高等学校—教材 Ⅳ. ① TN79

中国版本图书馆 CIP 数据核字(2016)第 011629 号

策划编辑 毛红兵
责任编辑 刘玉芳　毛红兵
出版发行　西安电子科技大学出版社(西安市太白南路 2 号)
电　　话　(029)88242885　88201467　　　邮　编　710071
网　　址　www.xduph.com　　　　电子邮箱　xdupfxb001@163.com
经　　销　新华书店
印刷单位　陕西大江印务有限公司
版　　次　2016 年 2 月第 1 版　2017 年 7 月第 2 次印刷
开　　本　787 毫米×1092 毫米　1/16　印张 7
字　　数　159 千字
印　　数　3001～6000 册
定　　价　14.00 元

ISBN 978 - 7 - 5606 - 3953 - 6/TN
XDUP 4245001 - 2

＊＊＊如有印装问题可调换＊＊＊

前　　言

　　数字电子技术是高等院校电类专业本科教学中一门重要的、实践性强的专业基础课程，本书是为该课程的教学特意编写的实践教材，旨在通过实践环节的锻炼，巩固、加深学生对所学理论知识的理解，加强对学生基本技能的训练，培养学生的实际动手能力、工程设计能力以及应用创新能力。

　　本书介绍了实验原理、实验内容和测试方法、计算机仿真软件与仿真实验的开发，拓展了综合设计性实验内容。通过实践技能训练与理论知识的相融合，同时配合计算机仿真，本书力图对学生的实践技能进行多层次、渐进式的培养，充分提高学生系统开发的综合实践能力。

　　本书由上海理工大学电工电子实验中心的孙浩编写第 1 章；顾秋洁编写第 2 章的第 1 节和第 2 节、第 3 章的第 5 节～第 7 节、第 4 章和附录；谭爱国编写第 2 章的第 9 节、第 11 节、第 3 章的第 8 节；沈易编写第 2 章的第 5 节～第 7 节、第 3 章的第 1 节；杨一波编写第 3 章的第 3 节和第 4 节；何杏宇编写第 2 章的第 4 节和第 3 章的第 2 节；江霓编写第 2 章的第 3 节和第 10 节；李磊编写第 2 章的第 8 节。顾秋洁、孙浩负责全书的统稿工作。

　　感谢上海理工大学的陈静媚、沈龙妹两位老师为本书出版所做的前期工作，感谢上海理工大学电工电子实验中心全体教师在本书编写过程中所给予的支持，也感谢在编写过程中给予帮助的其他老师和同行。在编写过程中我们参考了许多资料，在此向这些资料的作者致谢。

　　由于编者水平有限，书中难免存在不妥之处，恳请读者提出批评与改进意见。

编　者

2015 年 10 月

目 录

第1章 数字电子技术实验基础知识 ... 1
1.1 数字集成电路 ... 1
1.2 数字电路的测试与检测 ... 3
1.3 数字电子技术实验要求 ... 4

第2章 数字电子技术基础实验 ... 5
2.1 TTL集成逻辑门的逻辑功能与参数测试 ... 5
2.2 CMOS集成逻辑门的逻辑功能与参数测试 ... 9
2.3 组合逻辑电路的测试 ... 14
2.4 数据选择器的测试与应用 ... 19
2.5 数据比较器的测试与应用 ... 22
2.6 编码器的测试与应用 ... 24
2.7 译码器的测试与应用 ... 27
2.8 移位寄存器的测试与应用 ... 30
2.9 触发器的测试与应用 ... 34
2.10 异步时序逻辑电路的应用 ... 37
2.11 计数器的测试与应用 ... 40

第3章 数字电子技术综合设计实验 ... 43
3.1 译码驱动电路的设计 ... 43
3.2 四位串行加法电路的设计 ... 46
3.3 单稳态触发器电路的设计 ... 48
3.4 555定时器电路的设计 ... 51
3.5 计数脉冲信号发生器的设计 ... 55
3.6 机床自动进给量模拟控制电路的设计 ... 56
3.7 倒计时报警电路的设计 ... 60
3.8 D/A、A/D转换电路的设计 ... 61

第4章 数字电子技术软件仿真实验 ... 67
4.1 Multisim软件的介绍与使用 ... 67
4.2 逻辑门电路的仿真 ... 74
4.3 组合逻辑电路的仿真 ... 76
4.4 译码器电路的仿真 ... 78
4.5 集成触发器电路的仿真 ... 80
4.6 时序逻辑电路的仿真 ... 82
4.7 模拟声音发生器的仿真 ... 84
4.8 A/D和D/A转换器的仿真 ... 85

附录 A　DG1022 型双通道函数/任意波形发生器的使用 …………………………………… 87
附录 B　DS1000 系列双踪数字示波器的使用 …………………………………………… 95
附录 C　YB2173F 双路智能数字交流毫伏表的使用 …………………………………… 101
附录 D　常用集成芯片引脚排列 ………………………………………………………… 103
参考文献 …………………………………………………………………………………… 105

第1章　数字电子技术实验基础知识

1.1　数字集成电路

电子电路按其功能分为模拟电路和数字电路。数字电路是运用数字电子技术实现某种功能的电子电路系统,主要研究输出信号与输入信号之间的逻辑关系,其主要的分析工具是逻辑代数,所以数字电路又称为逻辑电路。

数字电路的发展经历了由电子管、半导体分立器件到集成电路的过程。数字集成电路(Integrated Circuit, IC)是将一个复杂的数字系统制作在一块半导体芯片上,构成体积小、重量轻、功耗低、速度高、成本低且具有保密性的系统级芯片。

一、数字集成电路的识别

从集成度来说,数字集成电路可分为小规模 SSI、中规模 MSI、大规模 LSI、超大规模 VLSI 和甚大规模 ULSI 五类。逻辑门是数字集成电路的主要单元电路,按照结构和工艺分为双极型、MOS 型和双极-MOS 型。随着 CMOS 工艺的发展,TTL 的主导地位已被 CMOS 器件所取代。因此,根据结构工艺规格的不同,数字集成电路有不同的型号和命名。

1. TTL 集成电路

TTL 数字集成电路的工作电压为 5 V,其型号中的 C 表示产地为中国;T 表示器件类型为 TTL 集成电路;其编号一般以 74/54 开头,74 编号是民用规格,54 编号是军用规格。基本分类有:TTL,中速或标准系列(工作频率达 20 MHz);STTL,肖特基 TTL(抗饱和型);LSTTL,低功耗肖特基 TTL(工作频率达 50 MHz);ALSTTL,先进的低功耗肖特基系列。

2. CMOS 集成电路

CMOS 集成电路由于价格低廉、集成度高,是目前使用最广泛的一种集成电路。基本分类有:PMOS(P 沟道型 MOS 集成电路);NMOS(N 沟道型 MOS 集成电路);CMOS(互补型 MOS 集成电路),其又包括 4000 系列、HCMOS 系列、HCT 系列。

3. ECL 集成电路

ECL 数字集成电路具有工作速度快、扇出能力强、噪声小等优点,但其缺点是功耗大、输出电平稳定性差和噪声容限比较低。基本分类有:PECL(Positive ECL,U_{EE} 接地,U_{CC} 接正电压);NECL(Negative ECL,U_{CC} 接地,U_{EE} 接负电压)。

二、数字集成电路的使用

数字集成电路芯片在使用时应注意以下几项。

(1) 检查集成芯片引脚是否完好,并看清器件型号,不要搞错。接插集成芯片时,要认清集成芯片的定位标记,不得插反。

(2) 集成芯片应工作在允许的电源电压范围内,否则会使电路的逻辑功能出错,严重时会损坏芯片。TTL 集成电路的电源电压使用范围为+4.5～+5.5 V,实验中要求使用 $U_{CC}=+5$ V,且电源极性不能接反。CMOS 电路的电源电压和极性是随着电路的类型而变化的,如 PMOS 电路一般使用-20 V,NMOS 电路一般使用+5 V;CMOS 电路芯片的 U_{DD} 接正电源,其电压标准为+5 V、+10 V、+15 V 三种,U_{SS} 接负电源或接地。

(3) 数字集成电路一般以高频电路处理。为防止低、高频的干扰,可在芯片附近的电源与地端接入去耦电容,即并入一个 10～100 μF 的电容以防止低频干扰,并入一个 0.01～0.1 μF 的电容以防止高频干扰。

(4) 集成芯片的输入端(指控制信号端)不允许开路,一定要接入合适的电平,否则电路的逻辑功能有可能无法实现。对于闲置输入端的处理应根据集成芯片系列的不同而有所不同。TTL 系列的小规模集成电路的输入端悬空相当于正逻辑"1",实验时允许悬空处理,但易受到外界干扰,导致电路的逻辑功能不正常。因此,中规模以上的 TTL 集成电路或较复杂的集成电路,其所有控制输入端必须按逻辑要求接入电路,不允许悬空。MOS 管的输入阻抗很高,因此 CMOS 电路中多余不用的输入引脚不允许悬空,否则容易受到静电或工作区域中工频电磁场引入电荷的影响,输出将会是随机状态,从而引起电路逻辑功能的混乱。根据逻辑要求,TTL 电路中的与门或与非门的多余输入端通过串入一个 1～3 kΩ 的固定电阻或直接接电源正端,或者接至某一固定电源电压(2.4 V≤U≤4.5 V)上。对 CMOS 电路来说,多余输入端可以直接连接电源。或门或者或非门的多余输入端接地,还可以与其他输入端并接在一起,但对于高速电路的设计,这样则会增加输入端的等效电容性负载,从而使信号的传输速度下降,因此多余输入端的处理也要视具体电路而定。多余输入端的处理如图 1-1-1 所示。

图 1-1-1 多余输入端的处理

(5) 对于集成逻辑门电路而言,输入端经过一个电阻接地,该输入信号的状态不同则电路处理方式不同。对于 TTL 来说,该电阻小于 0.9 kΩ 时的输入相当于逻辑"0",电阻大于 2.5 kΩ 时输入相当于逻辑"1"。而对于 CMOS 门电路而言,由于其输入端不取用输入电流,因此不管接地电阻的取值是多大,对输入端来说始终为逻辑"0"。

(6) 一般情况下,在一个电子电路中通常采用同一系列的数字集成电路,但有时也有混用的情况,此时应注意两者电源电压、输入输出高低电平及输入输出电流等的匹配问题。例如,若用 CMOS 电路驱动 TTL 门电路,两者的电压参数是兼容的,所以可直接连接,仅需考虑其输出电流大小及能驱动几个负载门的问题。若 TTL 电路驱动 CMOS 门电路,当 TTL 电路的输出为高电平时,某些系列参数不兼容,TTL 的 74LS 系列 $U_{OH}(\min)=2.7$ V,而 CMOS 的 HC 系列 $U_{IH}(\min)=3.5$ V,这种情况下 TTL 电路显然不能驱动 CMOS 电路,应在 TTL 的输出端与电源之间接一个上拉电阻,上拉电阻值取决于负载器件的数目以及 TTL 和 CMOS 的电流参数。

(7) 除集电极开路门(OC 门)和三态输出门外,其他电路的输出端不允许并联使用,否则不仅会使电路的逻辑混乱,并且会导致器件损坏。输出端不允许直接接地或直接接到电源上,否则将会损坏器件。

1.2 数字电路的测试与检测

一、数字电路的测试方法

任何一个电路,按照设计的电路图安装完毕后,都不代表能完全投入使用,必须对安装好的电路进行测试。数字电路测试的目的是验证其逻辑功能是否符合设计要求,即验证其输入与输出的关系是否与真值表相符。

在数字电路的测试过程中,按照"先观察电路,后通电源,先静态测试,后动态测试"的原则进行测试。先对照电路图检查电路元器件的连线是否正确、元器件引线端子与极性是否正确、电源是否符合要求以及电源极性是否正确等,这些连接都正确之后进行静态测试。静态测试主要测试电路在静态状态下输入与输出的关系。将输入端按要求接逻辑电平,用电平分别显示各输出端的状态。按真值表将输入信号逐一送入被测电路,测出相应的输出,并与真值表相比较,判断出此数字电路的静态工作是否正常。有时序变化的电路可进行动态测试。动态测试是指在电路的输入端加上脉冲信号,使电路处于变化的交流工作状态,用示波器观察各输出端的信号波形,从而检查数字电路输入、输出信号之间的逻辑关系,以及时序关系是否正确。

较复杂的数字电路有集成电路应用较多、引脚密集且连线较多的特点,出现故障后也不易查找原因,因此在测试中应注意区分元器件的类型、功能,确定相应的电源电压、电平转换、负载电路等。时序电路中要先熟悉各单元电路间的时序关系,对照时序图测试各点的波形。注意区分各触发器的触发沿是上升沿还是下降沿,以及其时钟信号与振荡器输出的时钟信号之间的关系,逐一测试以保证数字电路顺利进入正常工作状态。

二、数字电路的故障检测与排除

1. 数字电路的故障

(1) 电路设计问题。若没有按照设计要求设计电路,那么所实现的电路功能必定是错误的。这种故障一般情况下不容易出现,但一旦出现则不易排查出。

(2) 元器件引起的故障。电路中的电阻、电容、电感、晶体管、集成电路等元器件由于质量问题或使用时间过长等而导致性能下降甚至损坏。这类故障常使数字电路有输入信号却没有输出信号。

(3) 接线安装的故障。在安装接线过程中元器件的错误选择,连接线的断开、错接、漏接、多接,粗心引起的短路等故障将导致电路无法正常工作。元器件线路上的错焊、漏焊、虚焊也是安装过程中的一种故障。

2. 数字电路的故障排除

数字电路的故障类型较多,产生原因也各不相同,因此,排查故障的方法也不一样。当电路发生故障时，根据故障现象，通过检查、测试、分析故障产生原因确定故障的部位。

实验前需要检查实验所用的集成芯片的逻辑功能是否完好，否则不能进行实验。实验中测试不出电路功能时，应首先检查待查电路的供电情况，如电源是否正确接入到电路中，若电源已加上则检查电源的电压值和极性是否符合要求。检查输入信号、时钟脉冲等是否加入到电路中，逻辑开关或单次脉冲有无输出，排除开关接触不良或脉冲内部电路损坏等硬件故障。直接观察待查元器件表面或线路是否被烧坏，是否有冒烟异味、过热等现象，连接线与元器件是否有脱落、松动，有无接错、漏接等情况。这种检查方法属于静态观察，适用于对故障的初步检查，可以发现一些较明显的故障。

排除明显故障后，可根据需要在电路输入端加入符合要求的信号，按照信号流经的路线从前级到后级或者从后级到前级，用万用表或示波器等仪器逐级检查信号在电路内各部分的传输情况，测量电路中各点的电压值或波形，分析电路的功能是否正常，判断是否是由底板、集成块引脚、连接线、多余引脚的处理等原因造成的故障。这种检查方法属于仪表排查，可以发现不明显的故障。

故障排查、分析与定位方法很多，实际应用中应根据具体的故障现象、电路复杂程度、可使用的仪器设备，以及数字电路的原理和实际经验进行综合判断。

1.3　数字电子技术实验要求

每次实验前应认真预习。预习的好坏不仅关系到实验能否顺利进行，而且直接影响着实验效果。按本书的实验要求进行，复习有关实验的基本原理，掌握有关元器件的使用方法，完成预习报告，其主要内容包括：

（1）实验目的；

（2）实验内容、实验方法和步骤；

（3）实验相关的逻辑表达式、真值表或状态图；

（4）画出设计好的实验电路图，要求是逻辑图，并在图上标注器件型号、使用引脚，必要时还需文字说明；

（5）拟好记录实验数据的表格或波形坐标，并记录预习的理论值。

在实验过程中，按实验室的操作规程使用各种仪器设备。测量时需正确读数，实事求是地记录各种测量数据，并将其记录到报告中。多注意观察、多动脑，在老师的指导下，尽可能通过自己的实践去解决所遇到的故障和问题。

实验结束后，按要求整理实验器材、实验数据，填入预习报告上的表格中，回答实验思考题，分析实验结果，即可作为一份内容完整、条理清楚、图表工整的实验报告，并按时递交。

第2章 数字电子技术基础实验

2.1 TTL集成逻辑门的逻辑功能与参数测试

一、实验目的

1. 掌握 TTL 集成与非门的逻辑功能和主要参数的测试方法。
2. 掌握 TTL 器件的使用规则。
3. 熟悉数字电路实验装置的结构、基本功能和使用方法。

二、实验预习

1. 复习 TTL 集成与非门的逻辑功能。
2. 学习与非门的主要参数要求。

三、实验原理

本实验采用 2 输入四与非门的 74LS00 集成芯片,即在一块集成芯片内有 4 个互相独立的与非门,可单独使用,但共用一个电源引脚和一个接地引脚,每个与非门有 2 个输入端,其电路图如图 2-1-1 所示。V_1 是多发射极晶体管,构成 2 输入 TTL 与非门,当任一输入端为低电平时,V_1 的发射极将正向偏置导通,其基极电压为 $U_{B1} = 0.9$ V,所以 V_2、V_4 都截止,V_2 的集电极电位接近 +5 V,V_3 因而导通,输出端的电位为高电平。当全部输入端为高电平时,V_1 将转入倒置放大状态,V_2 和 V_3 均饱和,输出低电平。图 2-1-2 所示为与非门逻辑符号和 74LS00 的引脚排列。

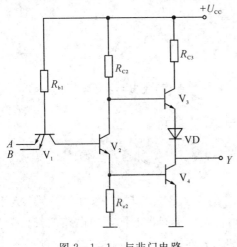

图 2-1-1 与非门电路

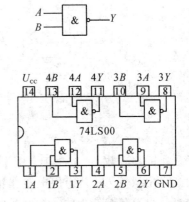

图 2-1-2 与非门逻辑符号和引脚排列

1. 与非门逻辑功能

与非门的逻辑功能是当输入端有一个或一个以上是低电平时,输出端为高电平。只有当输入端全部为高电平时,输出端才是低电平,即有"0"出"1",全"1"出"0"。2 输入与非门的逻辑表达式为 $Y=\overline{AB}$。

2. TTL 与非门的主要参数

1) 高电平输出电源电流 I_{CCH} 和低电平输出电源电流 I_{CCL}

与非门处于不同的工作状态时,电源提供的电流是不同的。I_{CCH} 是指输出端空载,与非门有一个以上的输入端接地,其余输入端悬空时电源提供给器件的电流,如图 2-1-3 所示。I_{CCL} 是指输出端空载,所有输入端悬空时电源提供给器件的电流,如图 2-1-4 所示。通常 $I_{CCL} > I_{CCH}$,它们的数值标志着器件静态功耗的大小。静态功耗是指当电路的输出没有状态转换时的功耗。器件的最大功耗为 $P_{CCL}=U_{CC}I_{CCL}$。

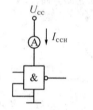 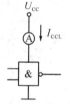

图 2-1-3　I_{CCH} 测试电路　　　　图 2-1-4　I_{CCL} 测试电路

2) 输入高电平电流 I_{IH} 和输入低电平电流 I_{IL}

当某一输入端接高电平,其余输入端接低电平时,流入该输入端的电流称为输入高电平电流 I_{IH},如图 2-1-5 所示。在多级门电路中,I_{IH} 相当于前级门输出高电平时前级门的拉电流负载,其大小关系到前级门的拉电流负载能力。I_{IH} 较小,较难测量。

当某一输入端接低电平,其余端悬空或接高电平时,从该输入端流出的电流称为输入低电平电流 I_{IL},如图 2-1-6 所示。在多级门电路中,I_{IL} 相当于前级门输出低电平时后级向前级门灌入的电流,其大小关系到前级门的灌入电流负载能力,即直接影响前级门电路带负载的个数。

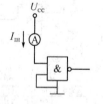

图 2-1-5　I_{IH} 测试电路　　　　图 2-1-6　I_{IL} 测试电路

3) 扇出系数 N_O

门电路的扇入数 N_I 取决于它输入端的个数,例如 2 输入的与非门,其扇入数 $N_I=2$。门电路的扇出系数 N_O 是指门电路在正常工作情况下,所能带的同类门电路的最大数目,它是衡量门电路负载能力的一个参数。TTL 与非门有两种不同性质的负载:一种是负载电流从驱动门流向外电路,称为拉电流负载,如图 2-1-7 所示;另一种是负载电流从外电路流入驱动门，称为灌电流负载，如图 2-1-8 所示，左边为驱动门，右边为负载。当驱动门的输出端为高电平时，将有电流 I_{OH} 从驱动门拉出而流入负载门，负载门的输入电流为 I_{IH}。输出为高电平时的扇出系数为 $N_{OH}=I_{OH}/I_{IH}$。当驱动门的输出端为低电平时，负载电流 I_{OL} 流入驱动门，它是负载门的输入端电流 I_{IL}。输出为低电平时的扇出系数为 $N_{OL}=I_{OL}/I_{IL}$。

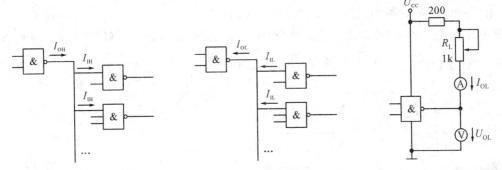

图 2-1-7　拉电流负载　　　图 2-1-8　灌电流负载　　　图 2-1-9　N_{OL} 测试电路

一般逻辑器件数据手册中并不提供扇出系数，必须通过计算或实验方法求得。在实际工程设计中，如果输出高电平电流 I_{OH} 与输出低电平电流 I_{OL} 不相等，则 $N_{OL}\neq N_{OH}$，常取二者中的最小值，一般用 N_{OL} 作为扇出系数。N_{OL} 测试电路如图 2-1-9 所示。与非门的输入端全部悬空，输出端接灌电流负载 R_L，调节 R_L 使 I_{OL} 增大，U_{OL} 随之增高，当 U_{OL} 达到 U_{OLmax} 时，此时的 I_{OL} 就是灌入的最大负载电流。通常 $N_{OL}\geqslant 8$。

4）电压传输特性

电压传输特性是指 TTL 门的输出电压 U_O 与输入电压 U_I 之间的关系，即门电路的输出电压 U_O 随输入电压 U_I 变化而变化的曲线 $U_O=f(U_I)$。电压传输特性测试电路如图 2-1-10 所示。调节 R_W 阻值，设置不同的输入电压 U_I，逐点测得相应的输出电压 U_O，然后绘制曲线如图 2-1-11 所示。从中可得到门电路的一些重要参数，如输出高电平电压 U_{OH} 对应于 AB 段的输出电压；输出低电平电压 U_{OL} 对应于 CD 段的输出电压，它是在额定负载下测出的。对于通用的 TTL 与非门，$U_{OH}\geqslant 2.4$ V，$U_{OL}\leqslant 0.4$ V。

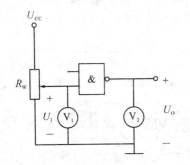 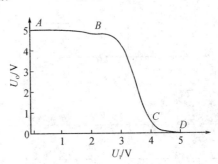

图 2-1-10　电压传输特性测试电路　　　图 2-1-11　电压传输特性曲线

5）传输延迟时间

传输延迟时间是表征门电路开关速度的参数。在与非门输入端加上一个脉冲电压，其输出电压将有一定的时间延迟，波形图如图 2-1-12 所示。从输入脉冲上升沿的 50% 处起到输出脉冲下降沿的 50% 处的时间,称为上升延迟时间 t_{pdL};从输入脉冲下降沿的 50% 处到输出脉冲上升沿的 50% 处的时间,称为下降沿延迟时间 t_{pdH};平均传输延迟时间为 $t_{pd}=\dfrac{t_{pdL}+t_{pdH}}{2}$。平均传输延迟时间的测试电路如图 2-1-13 所示,由奇数个与非门组成环形振荡器,在接通电源后的某一瞬间,电路中的 U_{O1} 点为逻辑"1",经过三级门的延迟后,U_{O1} 由原来的逻辑"1"变为逻辑"0",再经过三级门的延迟后,U_{O1} 电平又重新回到逻辑"1"。电路中其他各点的电平也随之变化。一个振荡周期必须经过六级门的延迟时间,因此平均传输延迟时间 $t_{pd}=\dfrac{T}{6}$。TTL 电路的 t_{pd} 一般为 $10\sim40~\mu s$。

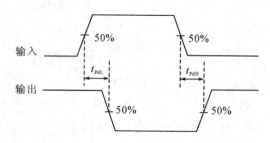

图 2-1-12 门电路传输延迟波形图

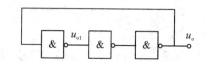

图 2-1-13 平均传输延迟时间的测试电路

四、实验内容

1. 验证 TTL 集成与非门 74LS00 的逻辑功能。

实验中所用到的集成芯片都是双列直插式,其引脚排列规则见图 2-1-2。识别方法是:正对集成电路型号(如 74LS00)并看清标记(左边的缺口或小圆点标记),从左下角开始逆时针方向以 1、2、3、…依次排列。如 74LS00 为 14 脚芯片,14 引脚为电源 U_{CC},7 引脚为接地端 GND。若集成芯片引脚上的功能标号为 NC,则表示该引脚为空脚,与内部电路无连接。逐个测试集成块中 4 个与非门的逻辑功能,填写如表 2-1-1 所示的与非门真值表。

表 2-1-1 与非门真值表

输入		输出	
A	B	Y	电平
0	0		
0	1		
1	0		
1	1		

2. 与非门 74LS00 主要参数测试。

(1) 分别按图 2-1-3、图 2-1-4、图 2-1-6、图 2-1-9 连接电路,对各电流进行测试,将测量值记入表 2-1-2 中。

表 2-1-2　各电流参数测量

I_{CCH}	I_{CCL}	I_{IL}	I_{OL}	$N_{OL}=\dfrac{I_{OL}}{I_{IL}}$

（2）按图 2-1-10 连接电路，电位器 $R_W = 10\text{ k}\Omega$，调节 R_W 使 U_I 变化，逐点测量对应的输出电压 U_O，记入表 2-1-3 中，并绘制电压传输特性曲线。

表 2-1-3　电压传输特性测试

U_I/V	0	0.2	0.4	0.6	0.8	1.0	1.5	2.0	2.5	3.0	3.5	4.0	4.5
U_O/V													

（3）连接平均传输延迟时间测试电路，观察 U_{O1} 的波形，测量周期 T，计算平均传输延迟时间 t_{pd}，记入表 2-1-4 中。

表 2-1-4　平均传输延迟时间测量

测量周期 T	$t_{pd}=\dfrac{T}{6}$

五、实验思考

1. 根据表 2-1-3 中测量得到的实验数据，画出实验电路的电压传输特性曲线 $U_O = f(U_I)$。
2. 实验中，TTL 与非门的输入端悬空，表示逻辑"0"还是逻辑"1"？
3. 根据实验测量数据，计算所用的集成芯片最多可以驱动的后级门电路的个数。

2.2　CMOS 集成逻辑门的逻辑功能与参数测试

一、实验目的

1. 掌握 CMOS 集成逻辑门的使用规则。
2. 掌握 CMOS 集成与非门的逻辑功能和主要参数的测试方法。

二、实验预习

1. 复习 CMOS 集成与非门的逻辑功能。
2. 学习与非门的主要参数要求。

三、实验原理

CMOS 集成电路由互补对称场效应管构成，具有逻辑电平摆幅大、输入阻抗高、功耗低、抗干扰能力强等优点。实际的 CMOS 逻辑电路大多数都带有输入保护电路和缓冲电路。CMOS 系列逻辑门电路中的与非门电路如图 2-2-1 所示，为 2 输入端的 CMOS 与非门电路。其中，驱动管 T_1 和 T_2 为 N 沟道增强型管，两者串联；负载管 T_3 和 T_4 为 P 沟道增强型管，两者并联。负载管整体与驱动管相串联。当输入端 A、B 其中一个为低电平时，就会使串联的驱动管 T_1、T_2 截止，而相应的负载管 T_3、T_4 导通，输出为高电平；仅当 A、B 全为高电平时，驱动管 T_1 和 T_2 导通，负载管 T_3 和 T_4 截止，输出为低电平，逻辑表达式为 $Y=\overline{AB}$。本实验采用2输入四与非门 CC4011 集成 CMOS 芯片，即在一块集成芯片内有4个互相独立的与非门，可单独使用，但共用电源引脚，每个与非门有2个输入端。图2-2-2所示为 CC4011 与非门逻辑符号及其引脚排列图。

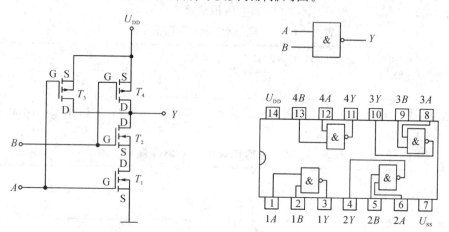

图 2-2-1 与非门电路　　　图 2-2-2 CC4011 与非门逻辑符号及其引脚排列图

　　CMOS 器件静态参数测量与 TTL 器件静态参数测量的电路基本相同，但要注意 CMOS 器件和 TTL 器件有不同的使用规则，对各引脚的处理要注意符合逻辑关系。不使用的输入端不能悬空，应按实际的逻辑功能接 U_{DD} 或 U_{SS}；多余输入端最好不要并联，否则会降低器件的工作速度；在未加电源电压之前，不允许加输入信号，否则将损坏输入端的保护二极管。

1. 输出低电平时的灌电流 I_{OLmax}

　　与非门的输入端接高电平，输出端接灌电流负载，此时输出为低电平，如图2-2-3所示。调整电位器，使 I_{OL} 增大，同时 U_O 也相应升高，当 U_O 达到 U_{OLmax} 时，此时的电流即为 CMOS 与非门允许灌入的最大电流 I_{OLmax}。

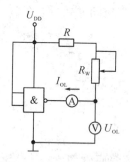

图 2-2-3 输出端接灌电流负载

2. 输出高电平时的拉电流 I_{OHmin}

　　与非门的某一输入端接低电平，其他输入端接高电平，输出端接拉电流负载，此时输出为高电平，如图2-2-4所示。调整电位器，使 I_{OH} 增大，同时 U_O 降低，当 U_O 达到

U_{OHmin} 时,此时的 I_{OH} 即为允许的最大电流 I_{OHmax}。

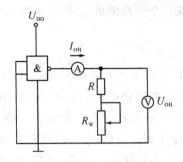

图 2-2-4 输出端接拉电流负载

3. 电压传输特性

CMOS 与非门的电源电压 $U_{DD}=5$ V,如图 2-2-5 所示为电压传输特性测试电路。电压传输特性曲线如图 2-2-6 所示,其电压传输特性分三个工作区:AB 段,驱动管 T_1 和 T_2 截止并工作在高内阻区,负载管 T_3 和 T_4 处于导通状态,电阻很低,这时电源电压主要降落在 T_1 和 T_2 上,$u_o \approx U_{DD}$;BC 段,驱动管和负载管总工作在饱和区或可变电阻区,此时输出电流比较大,传输特性变化较快;CD 段,由两个输入端 $u_i > U_{DD} - |U_{GS(th)}|$,$T_1$ 和 T_2 导通并工作在低内阻区,T_3 和 T_4 处于截止状态,电阻很高,电源电压主要降落在 T_3 和 T_4 上,$u_o \approx 0$ V。

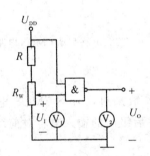

图 2-2-5 电压传输特性测试电路

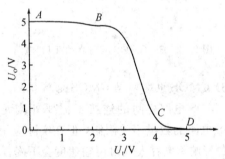

图 2-2-6 电压传输特性曲线

4. 平均传输延迟时间 t_{pd}

奇数个门环形连在一起时,电路会产生一定频率的自激振荡。图 2-2-7 所示是由 3 个与非门组成的环形振荡器,可用示波器读出振荡周期 T。平均传输延迟时间 $t_{pd}=T/2n$,式中,n 是连接成环形的门的个数。

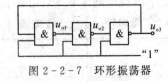

图 2-2-7 环形振荡器

5. 电路驱动

1) CMOS 电路驱动 TTL 电路

如图 2-2-8 所示为 CMOS 电路驱动 TTL 电路。CMOS 电路的输出电平能满足 TTL

电路输入电平的要求,只是驱动电流将受到限制,主要是低电平的负载能力。可采用有较大驱动能力的 CMOS 驱动器或几个同功能的 CMOS 电路并联使用,即将其输入端并联和输出端并联。

2) TTL 电路驱动 CMOS 电路

如图 2-2-9 所示为 TTL 电路驱动 CMOS 电路。TTL 电路驱动 CMOS 电路时,由于 CMOS 电路的输入阻抗高,因此驱动电流一般不会受到限制,但在高电平时驱动能力有限。因为 TTL 电路在满载时,输出高电平通常低于 CMOS 电路对输入高电平的要求,因此为保证 TTL 电路输出高电平时,后级的 CMOS 电路能可靠工作,通常要接一个上拉电阻 R,使输出高电平达到 3.5 V 以上。这样,TTL 电路驱动 CMOS 电路的数量就没有限制了。

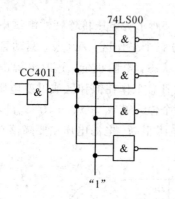

图 2-2-8 CMOS 电路驱动 TTL 电路　　图 2-2-9 TTL 电路驱动 CMOS 电路

3) CMOS 电路驱动 CMOS 电路

CMOS 电路之间的连接不需要外接元件。对直流参数来讲,一个 CMOS 电路驱动 CMOS 电路的数量不受限制,但在实际应用中,应当考虑后级门的输入电容对前级门传输速度的影响,电容太大时传输速度会下降。

四、实验内容

1. 灌电流 I_{OLmax}、拉电流 I_{OHmax} 测量。

取 $R = 100\ \Omega$,$R_w = 4.7\ \text{k}\Omega$,按图 2-2-3 所示连接电路,输出为低电平时,调节电位器 R_w,使输出电平电压升到 0.4 V,记录下 I_{OLmax} 值。按图 2-2-4 所示连接电路,输出为高电平时,调节 R_w,使输出电平电压降到 4.6 V,记录下 I_{OHmax} 值,填入表 2-2-1 中。

表 2-2-1　灌电流 I_{OLmax}、拉电流 I_{OHmax} 测量

测量条件	测量值
$U_{OLmax} = 0.4\ \text{V}$	$I_{OLmax} =$
$U_{OHmin} = 4.6\ \text{V}$	$I_{OHmax} =$

2. 电压传输特性测量。

取 $R = 1\text{ k}\Omega, R_\text{w} = 4.7\text{ k}\Omega$，按图 2-2-5 所示连接电路，调节电位器 R_w，使 U_I 变化，逐点测量对应输出电压 U_O 的值，记录在表 2-2-2 中，并绘制电压传输特性曲线 $U_\text{O} = f(U_\text{I})$。

表 2-2-2 电压传输特性测量

U_I/V	0	0.2	0.4	0.6	0.8	1.0	1.5	2.0	2.5	3.0	3.2	3.4	3.6	4.0
U_O/V														

3. 平均传输延迟时间测量。

按图 2-2-7 所示连接电路，用示波器观察 u_o1、u_o2、u_o3 输出波形，将波形周期 T 记录在表 2-2-3 中，并计算出 CMOS 与非门的平均传输延迟时间 t_pd。

表 2-2-3 平均传输时间测量

测量数据	u_o1、u_o3 输出波形
周期 $T =$	
$t_\text{pd} =$	

4. 电路驱动。

(1) CMOS 电路驱动 TTL 电路。

按图 2-2-8 所示连接电路，用 CC4011 的一个 CMOS 与非门来驱动 74LS00 的 4 个 TTL 与非门，测量 CC4011 的输出电平和 74LS00 的逻辑功能，记录在表 2-2-4 中。然后将 3 个 CMOS 与非门并联到第一个 CMOS 门上(输入端与输入端并联、输出端与输出端并联)，测量此时的 CMOS 与非门的输出电平和 TTL 与非门的逻辑功能，填入表中。

表 2-2-4 CMOS 电路驱动 TTL 电路测试

测试条件	CC4011 的输出电平		74LS00 与非门输出	
	逻辑	电平	逻辑	电平
1 个 CMOS 与非门驱动	0			
	1			
4 个 CMOS 与非门并联驱动	0			
	1			

(2) TTL 电路驱动 CMOS 电路。

用 74LS00 的一个 TTL 与非门来驱动 CC4011 的 4 个 CMOS 与非门，按图 2-2-9 所

示连接电路，$R = 3\text{ k}\Omega$，在连接电阻 R 与不连接电阻 R 两种情况下，设置 74LS00 与非门的输入端，使 74LS00 与非门输出为高、低电平，测量高、低电平值以及相应 CC4011 的输出逻辑，记录在表 2-2-5 中。

表 2-2-5 TTL 电路驱动 CMOS 电路测试

测试条件	74LS00 与非门输出		CC4011 的输出逻辑	
	逻辑	电平	逻辑	电平
连接电阻 $R = 3\text{ k}\Omega$	0			
	1			
不连接电阻 $R = 3\text{ k}\Omega$	0			
	1			

五、实验思考

1. 根据表 2-2-2 中测量得到的实验数据，画出实验电路的电压传输特性曲线 $U_O = f(U_I)$。

2. 实验中 CMOS 与非门的输入端信号为高电平时，能否悬空处理？

3. 根据实验测量数据分析 CMOS 电路驱动 TTL 电路时，并联多个同功能的 CMOS 电路能否增强驱动能力？

2.3 组合逻辑电路的测试

一、实验目的

1. 了解与非门的逻辑功能及型号的选用方法。
2. 掌握组合逻辑电路的设计方法。
3. 熟悉组合逻辑电路的测试方法。
4. 进一步熟悉常用电子仪器的使用方法。

二、实验预习

1. 查找手册，了解 74LS00、74LS10、74LS20 芯片的逻辑功能。
2. 根据实验内容设计实验电路，写出逻辑表达式，画出电路图。

三、实验原理

1. 组合逻辑电路的特点

电路在任何时刻的输出仅取决于该时刻的输入信号，而与这一时刻前电路的原始状态没有任何关系。

组合逻辑电路的结构具有如下特点：

(1) 输出输入之间没有反馈延迟通路。

(2) 电路中不含具有记忆功能的元件。

2. 与非门集成芯片介绍

与非门的逻辑功能是当输入端中有一个或一个以上是低电平时，输出端为高电平。只有当输入端全部为高电平时，输出端才是低电平，即有"0"出"1"，全"1"出"0"。如 2 输入与非门的逻辑功能如表 2-3-1 所示。

表 2-3-1　2 输入与非门的逻辑功能

输　入		输　出
A	B	Y
0	0	1
0	1	1
1	0	1
1	1	0

本实验中需要了解 74LS00、74LS10、74LS20 与非门集成芯片的应用。

1) 74LS00 芯片

74LS00 芯片是 2 输入四与非门集成芯片，即在一块集成芯片内有 4 个互相独立的与非门，可单独使用，但共用一个电源引脚和一个接地引脚，每个与非门有 2 个输入端。2 输入与非门的逻辑表达式为 $Y=\overline{AB}$，其逻辑符号和引脚排列如图 2-3-1 所示。

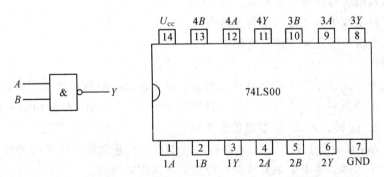

图 2-3-1　2 输入与非门的逻辑符号和 74LS00 芯片引脚排列

2) 74LS10 芯片

74LS10 芯片是 3 输入三与非门集成芯片，即在一块集成芯片内有 3 个互相独立的与非门，可单独使用，但共用一个电源引脚和一个接地引脚，每个与非门有 3 个输入端。3 输入与非门的逻辑表达式为 $Y=\overline{ABC}$，其逻辑符号和引脚排列如图 2-3-2 所示。

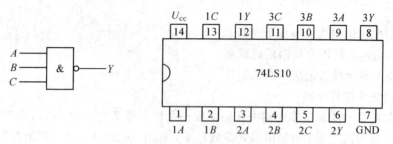

图 2-3-2 3 输入与非门的逻辑符号和 74LS10 芯片引脚排列

3）74LS20 芯片

74LS20 芯片是 4 输入二与非门集成芯片，即在一块集成芯片内有 2 个互相独立的与非门，可单独使用，但共用一个电源引脚和一个接地引脚，每个与非门有 4 个输入端，3 号、11 号引脚为空引脚，没有功能作用。4 输入与非门的逻辑表达式为 $Y=\overline{ABCD}$，其逻辑符号和 74LS20 芯片引脚排列如图 2-3-3 所示。

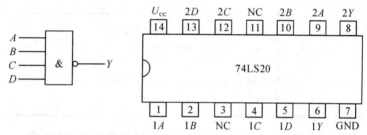

图 2-3-3 4 输入与非门的逻辑符号和 74LS20 芯片引脚排列

3. 组合逻辑电路的设计步骤

组合逻辑电路的设计步骤如下：

（1）根据给定的逻辑问题，作出输入、输出变量规定，建立真值表。

（2）根据真值表写出逻辑表达式。

（3）把逻辑函数表达式化简变换为适当形式。

（4）根据逻辑表达式画出逻辑电路图。

4. 加法器

加法器是数字系统最基本的运算单元电路，能实现二进制数的算术加运算。加法器分为全加器和半加器两种。对于两个 n 位二进制数的相加，其中第 i 位的相加过程可概括为：第 i 位的被加数 A_i 和加数 B_i 及相邻低位来的进位 C_{i-1} 三者相加，得到本位和 S_i 及进位 C_i。实现 A_i、B_i、C_{i-1} 三个数相加的电路称为全加器；不考虑低位送来的进位 C_{i-1} 的加法运算电路称为半加器。本书中主要涉及一位加法器的逻辑电路。

1）半加器

设 A 和 B 是两个一位二进制数，半加后得到本位和 S_i，进位 C_i。根据半加器的含义，可得真值表如表 2-3-2 所示。由真值表可求得逻辑表达式：$S=\overline{A}B+A\overline{B}=A\oplus B$，$C=AB$。根据逻辑表达式可以画出半加器的逻辑电路，如图 2-3-4 所示。

表 2-3-2 半加器真值表

输入		输出	
A	B	S	C
0	0	0	0
0	1	1	0
1	0	1	0
1	1	0	1

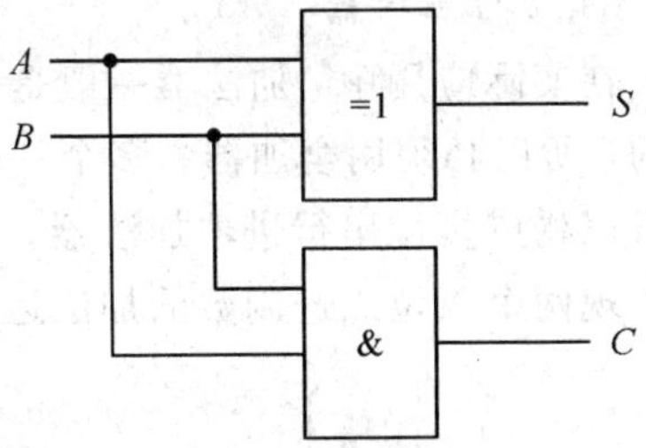

图 2-3-4 半加器逻辑电路

2) 全加器

两个待加数相加时考虑来自低位送来的进位数，则称为全加。实现全加运算的电路叫全加器。设 A_i、B_i 是两个一位二进制数，C_{i-1} 为低位的进位，可列如表 2-3-3 所示真值表。

表 2-3-3 全加器真值表

A_i	B_i	C_{i-1}	S_i	C_i
0	0	0	0	0
0	0	1	1	0
0	1	0	1	0
0	1	1	0	1
1	0	0	1	0
1	0	1	0	1
1	1	0	0	1
1	1	1	1	1

由真值表可写出全加和 S_i 与进位和 C_i 的逻辑表达式如下：

$$S_i = A_i \oplus B_i \oplus C_{i-1}$$
$$C_i = (\overline{A}_i B_i + A_i \overline{B}_i) C_{i-1} + A_i B_i$$

半加器和全加器电路的结构形式有多种，都可通过 74LS86 异或门集成芯片和与非门芯片来实现实际电路。74LS86 芯片是四异或门集成芯片，即在一块集成芯片内有 4 个互相独立的异或门，可单独使用，但共用一个电源引脚和一个接地引脚。异或门的逻辑表达式为 $Y = A \oplus B$，其逻辑符号和引脚排列如图 2-3-5 所示。

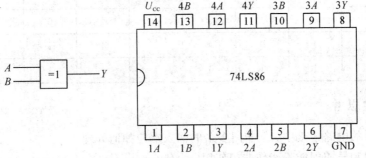

图 2-3-5 异或门的逻辑符号和 74LS86 芯片引脚排列

3)多位加法器

在实际应用中,加法器一般是多位加法器。两个多位数相加时,每一位都是带进位相加的,所以必须用全加器。多个一位全加器依次把低位的进位输出接到高位的进位输入,就可以构成多位串行进位加法器。如图2-3-6所示为4位串行进位加法器的逻辑电路,可实现两个4位二进制数的加法运算。

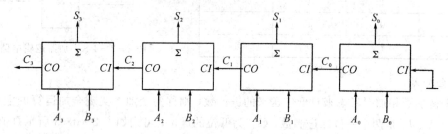

图2-3-6 4位串行进位加法器

四、实验内容

1. 选用合适的与非门(74LS00、74LS10 或 74LS20)设计一个符合表2-3-4真值表所示逻辑功能的组合逻辑电路(用正逻辑设计)。

2. 用与非门设计一个十进制数的数值范围指示器,设这个十进制数为 X,电路输入为 A、B、C 和 D,$X=8A+4B+2C+D$,要求当 $X \geqslant 5$ 时输出 F 为"1",否则为"0",该电路实现了四舍五入功能。

3. 用异或门74LS86和与非门74LS00设计一个全加器,实验结果用真值表表示。

表2-3-4 真值表

输		入		输出	输		入		输出
A	B	C	D	F	A	B	C	D	F
0	0	0	0	0	1	0	0	0	0
0	0	0	1	0	1	0	0	1	0
0	0	1	0	1	1	0	1	0	1
0	0	1	1	1	1	0	1	1	1
0	1	0	0	1	1	1	0	0	1
0	1	0	1	1	1	1	0	1	1
0	1	1	0	1	1	1	1	0	0
0	1	1	1	1	1	1	1	1	0

五、实验思考

1. 在实际的电路连接中,与非门多余的输入端应如何处理?
2. 与非门和异或门能不能作非门使用?为什么?

2.4 数据选择器的测试与应用

一、实验目的

1. 掌握数据选择器的逻辑功能和测试方法。
2. 熟悉数据选择器的工作原理，基本应用。

二、实验预习

1. 了解双 4 选 1 数据选择器 74LS153 的工作原理和逻辑结构。
2. 根据实验内容写出逻辑表达式，画出逻辑电路图。

三、实验原理

在数据传送过程中，能够根据选择控制信号从多路输入信号中选择其中一路作为输出的电路叫做数据选择器。数据选择器的基本功能和多路开关类似，如图 2-4-1 所示，它根据作为选择控制信号的地址码 A_1、A_0 可以从四路数据输入端 $D_0 \sim D_3$ 中选择其中一路数据传送至数据输出端 Y。可见，用数据选择器可以实现数据的多路分时传送。另外，数据选择器还可以和其他逻辑部件组成实现各种不同逻辑功能的组合逻辑电路。

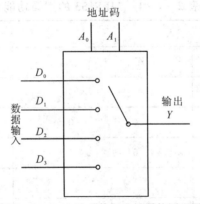

图 2-4-1 4 选 1 数据选择器的原理图

数据选择器是集成电路中应用非常广泛的逻辑部件之一。根据输入信号的数量来区分，它分为 2 选 1、4 选 1、8 选 1、16 选 1 等类型；根据电路结构来区分，分为由与门、或门阵列组成的类型，以及由传输门开关和门电路混合而成等类型。

1. 74LS153 双 4 选 1 数据选择器芯片

74LS153 双 4 选 1 数据选择器芯片上集成了两个 4 选 1 数据选择器，其引脚排列如图 2-4-2 所示。1$\overline{\text{ST}}$ 和 2$\overline{\text{ST}}$ 分别是这两个 4 选 1 数据选择器的使能端，A_1、A_0 为两个 4 选 1 数据选择器共用的地址输入端，1$D_0 \sim$1D_3 是其中一个 4 选 1 数据选择器的数据输入端，2$D_0 \sim$2D_3 是另一个 4 选 1 数据选择器的数据输入端，1Y、2Y 分别是这两个 4 选 1 数据选择器的数据输出端。

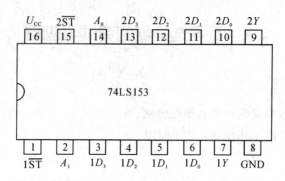

图 2-4-2 74LS153 引脚排列

双 4 选 1 数据选择器 74LS153 的逻辑功能如表 2-4-1 所示。当 $\overline{ST}(1\overline{ST}$ 或 $2\overline{ST})=1$ 时,对应的 4 选 1 数据选择器禁止,其输出端 $Y(1Y$ 或 $2Y)=0$;当 $\overline{ST}(1\overline{ST}$ 或 $2\overline{ST})=0$ 时,对应的 4 选 1 数据选择器开始工作,根据地址码 A_1、A_0 从对应的 4 选 1 数据选择器的四个数据输入端 $D_0 \sim D_3$ 中选择相应的数据传送至对应输出端 $Y(1Y$ 或 $2Y)$。例如,$A_1A_0=00$,选择 $D_0(1D_0$ 或 $2D_0)$ 端的数据传送至对应输出端 $Y(1Y$ 或 $2Y)$;$A_1A_1=01$,选择 $D_1(1D_1$ 或 $2D_1)$ 端的数据传送至对应的输出端 $Y(1Y$ 或 $2Y)$;$A_1A_0=10$,选择 $D_2(1D_2$ 或 $2D_2)$ 端的数据传送至对应的输出端 $Y(1Y$ 或 $2Y)$;$A_1A_0=11$,选择 $D_3(1D_3$ 或 $2D_3)$ 端的数据传送至对应的输出端 $Y(1Y$ 或 $2Y)$。

表 2-4-1 74LS153 的逻辑功能

输	入		输 出
$\overline{ST}$	A_1	A_0	Y
1	×	×	0
0	0	0	D_0
0	0	1	D_1
0	1	0	D_2
0	1	1	D_3

2. 利用 4 选 1 数据选择器实现逻辑函数

当 $\overline{ST}(1\overline{ST}$ 或 $2\overline{ST})=0$ 时,4 选 1 数据选择器的逻辑表达式为

$$Y = \overline{A_1} \cdot \overline{A_0} \cdot D_0 + \overline{A_1} \cdot A_0 \cdot D_1 + A_1 \cdot \overline{A_0} \cdot D_2 + A_1 \cdot A_0 \cdot D_3$$

以 4 选 1 数据选择器实现逻辑函数 $F = \overline{A}B + \overline{B}C + AB\overline{C}$ 为例。首先,可以选择 A 和 B 作为地址选择信号,令 $A_1A_0=AB$,然后将待实现的逻辑函数进行变换:

$$F = \overline{A}B + \overline{B}C + AB\overline{C} = \overline{A}B + (A\overline{B}C + \overline{A}\overline{B}C) + AB\overline{C}$$
$$= \overline{A}\,\overline{B} \cdot C + \overline{A}B \cdot 1 + A\overline{B} \cdot C + AB \cdot \overline{C}$$

将变换后的函数表达式和 4 选 1 数据选择器的逻辑表达式进行比对,则 D 输入端的信号依次为:

$$D_0 = C, \ D_1 = 1, \ D_2 = C, \ D_3 = \overline{C}$$

那么，就可以画出要求实现的逻辑函数的逻辑电路，如图 2-4-3 所示。

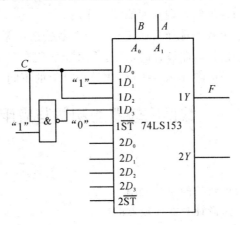

图 2-4-3　74LS153 实现逻辑函数的逻辑电路图

四、实验内容

1. 根据 4 选 1 数据选择器的逻辑功能检测 74LS153 芯片的功能。将图 2-4-2 所示的 74LS153 的使能端 $1\overline{ST}$（或 $2\overline{ST}$）接地，将地址输入端 A_1、A_0 和相应的数据输入端 $1D_0 \sim 1D_3$（$2D_0 \sim 2D_3$）分别接至逻辑开关，将相应的输出端 $1Y$（或 $2Y$）接发光二极管。

改变地址输入端和数据输入端的状态，观察和记录发光二极管的状态，并根据表 2-4-1 判断逻辑功能是否正确。例如，检测第一组 4 选 1 数据选择器时，$1\overline{ST}=0$，当 $A_1A_0=00$ 时，改变 $1D_0$ 的输入值，观察输出端 Y 所连接的发光二极管的显示是否与 $1D_0$ 的输入值相同。采用类似方法依次检查发光二极管的状态是否和地址选择信号对应的数据输入端状态一致。

2. 用 74LS153 芯片连接组合逻辑电路并验证逻辑函数。用 74LS153 芯片和与非门 74LS00 芯片连接如图 2-4-3 所示的逻辑电路，记录电路的测试结果，写出输入输出关系的真值表，并根据真值表化简函数，判断所得函数是否为 $F=\overline{AB}+\overline{B}C+AB\overline{C}$。

3. 设计一个 4 输入、2 输出的组合逻辑电路。用 74LS153 双 4 选 1 数据选择器设计一个组合逻辑电路，该电路将对 4 位二进制数 $X=ABCD$ 进行判断，产生两个输出 F_1 和 F_2。该电路实现的判断功能为

① 当输入 X 能被 4 整除时，输出 $F_1=1$，否则 $F_1=0$；

② 当 $X \leqslant 2$ 或 $X \geqslant 9$ 时，$F_2=1$，否则 $F_2=0$。

（1）根据设计要求，写出真值表和逻辑表达式，并画出逻辑电路图。

（2）根据所设计的逻辑电路图连接调试电路并进行结果测试，判断能否满足设计要求。

4. 电路出错的检查方法。电路出错后建议利用万用表查找出错的原因，切不可将电路拆掉重接。例如，当电路处于某一输入状态时，发现 F_1 出错，先判断地址输入状态。如果 $A_1A_0=11$，理论上 F_1 的状态等于 $1D_3$ 的状态，那么只需要检查 $1D_3$ 即可，与其他的数据输入端无关。利用万用表测试 $1D_3$ 的状态是否正确，如果 $1D_3$ 不正确，就需要进一步沿 $1D_3$ 检查前级门电路的输入，找出出错原因。

五、实验思考

1. 说明数据选择器的地址输入端和使能端的作用。
2. 是否可以将双 4 选 1 数据选择器连接成 8 选 1 数据选择器？如果是，如何连接？
3. 在利用数据选择器进行电路设计时，可选用不同的逻辑变量作为地址选择信号，若实验内容 3 中选用 $A_1A_0=AB$ 或 $A_1A_0=CD$，电路设计上的不同之处在哪里？

2.5 数据比较器的测试与应用

一、实验目的

1. 掌握数据比较器的逻辑功能及其应用。
2. 掌握用组合逻辑电路设计数据比较器的方法。

二、实验预习

1. 复习组合逻辑电路的设计步骤。
2. 复习数据比较器的逻辑功能。
3. 复习与门、异或门的逻辑功能及其应用。

三、实验原理

在数字系统中，一种简单的运算功能就是比较两个数 A 和 B 的大小。数据比较器就是对两数 A、B 进行比较的逻辑电路，比较结果有 $A>B$、$A<B$ 以及 $A=B$ 三种情况。

1. 1 位数值比较器

1 位数值比较器是多位比较器的基础。当 A 和 B 都是 1 位数时，它们只能取 0 或 1 两种值，比较结果出现时用逻辑"1"表示，由此可写出 1 位数值比较器的真值表如表 2-5-1 所示。

2. 2 位数值比较器

比较 2 位数二进制数 $A(a_1a_0)$ 和 $B(b_1b_0)$ 的大小情况（a_1、b_1 是数值的高位，a_0、b_0 是低位）。利用 1 位比较器的方法，首先比较高位，当高位（a_1、b_1）不相等时，即 $a_1<b_1$ 或者 $a_1>b_1$，无需再比较低位（a_0、b_0）的大小，两数的比较结果就是高位比较的结果。当高位相等 $a_1=b_1$ 时，需再比较低位（a_0、b_0）的大小，两数的比较结果就是低位比较的结果。2 位数值比较器的逻辑功能如表 2-5-2 所示。

表 2-5-1　1 位数值比较器真值表

输入		输出		
A	B	$F_{A>B}$	$F_{A=B}$	$F_{A<B}$
0	0	0	1	0
0	1	0	0	1
1	0	1	0	0
1	1	0	1	0

表 2-5-2 2位数值比较器的逻辑功能

输入		输出		
$a_1 \quad b_1$	$a_0 \quad b_0$	$F_{A>B}$	$F_{A=B}$	$F_{A<B}$
$a_1 > b_1$	×	1	0	0
$a_1 < b_1$	×	0	0	1
$a_1 = b_1$	$a_0 > b_0$	1	0	0
$a_1 = b_1$	$a_0 < b_0$	0	0	1
$a_1 = b_1$	$a_0 = b_0$	0	1	0

四、实验内容

1.用双4选1数据选择器(74LS153)、与非门(74LS00)及异或门(74LS86)设计一个2位数值比较器。

要进行比较的两个2位二进制数为$A(a_1a_0)$和$B(b_1b_0)$,则a_1、a_0、b_1、b_0可作为电路的4个输入端,F_1、F_2、F_3为电路的3个输出端,分别表示比较结果:$A>B$、$A=B$、$A<B$。(提示:两数比较结果只可能是大于、小于、等于其中的一种情况,因此可以写出一个输出端与另两个输出之间的逻辑关系表达式。且本实验所选用的是数据选择器74LS153芯片,此芯片只有两个输出端,所以三个比较结果输出中的一个输出可由数据选择器的两个输出通过组合门电路来得到。)

(1) 按实验内容的要求,根据输入a_1、a_0、b_1、b_0与输出F_1、F_2、F_3的关系列出真值表。

(2) 选择合适的输入变量作为地址选择端,写出74LS153相应输入端的表达式和三个比较结果F_1、F_2、F_3的表达式,并画出逻辑电路图。

(3) 安装、调试电路,记录实验结果,验证真值表。

2.用双4选1数据选择器设计一个全减器,设A为被减数,B为减数,C_{n-1}为上一位借位,Z_n为本位差,C_n为本位借位。全减器的真值表如表2-5-3所示。

表 2-5-3 全减器真值表

A	B	C_{n-1}	Z_n	C_n
0	0	0	0	0
0	0	1	1	1
0	1	0	1	1
0	1	1	0	1
1	0	0	1	0
1	0	1	0	0
1	1	0	0	0
1	1	1	1	1

五、实验思考

1. 数值比较器实验电路的三个比较结果判定出用逻辑"1"表示，则会不会同时出现两个"1"的情况？

2. 2 位数值比较器的实验中，如何确定地址选择端，才会使电路设计比较简单。

2.6 编码器的测试与应用

一、实验目的

1. 掌握 8 线-3 线优先编码器 74LS148 的功能。
2. 学会用两片 8 线-3 线编码器组成 16 线-4 线编码器的方法。

二、实验预习

1. 熟悉编码器的原理。
2. 熟悉 74LS148 集成芯片的逻辑功能。

三、实验原理

1. 74LS148 集成芯片的逻辑功能

在数字系统中，存储、传输和处理的信息一般是用二进制码表示的。用一个二进制码表示特定含义的信息称为编码，具有编码功能的逻辑电路称为编码器。普通编码器中，任意时刻的输入只允许是一个编码信号，否则输出出错。

实际工作中，会经常遇到同时有多个输入被编码的情况，必须根据轻重缓急规定好各个输入端编码的先后顺序，即优先级别。识别信号的优先级别，并据此进行编码的器件称为优先编码器。在此类编码器中，将所有输入信号都规定了优先顺序，当输入有多个编码信号的时候，只对其中优先级最高的信号进行编码。图 2-6-1 为 8 线-3 线编码器的结构图。

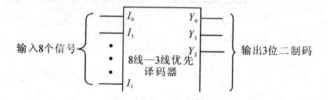

图 2-6-1 8 线-3 线优先编码器结构

下面以 8 线-3 线编码器 74LS148 为例介绍编码器的工作原理，74LS148 芯片的逻辑图和引脚排列如图 2-6-2 所示。编码器 74LS148 的作用是将 8 个输入 $I_0 \sim I_7$ 的状态分别编成二进制码 $Y_2 Y_1 Y_0$ 输出，此芯片的输入输出均以低电平作为有效信号。74LS148 的功能如表 2-6-1 所示。

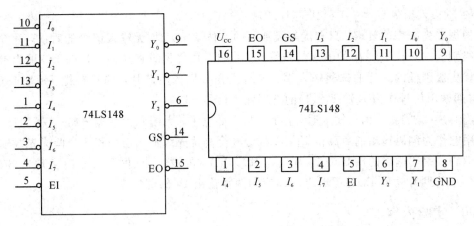

图 2-6-2　74LS148 芯片的逻辑图和引脚排列

表 2-6-1　74LS148 功能表

输入									输出				
EI	I_0	I_1	I_2	I_3	I_4	I_5	I_6	I_7	Y_2	Y_1	Y_0	GS	EO
H	×	×	×	×	×	×	×	×	H	H	H	H	H
L	H	H	H	H	H	H	H	H	H	H	H	H	L
L	×	×	×	×	×	×	×	L	L	L	L	L	H
L	×	×	×	×	×	×	L	H	L	L	H	L	H
L	×	×	×	×	×	L	H	H	L	H	L	L	H
L	×	×	×	×	L	H	H	H	L	H	H	L	H
L	×	×	×	L	H	H	H	H	H	L	L	L	H
L	×	×	L	H	H	H	H	H	H	L	H	L	H
L	×	L	H	H	H	H	H	H	H	H	L	L	H
L	L	H	H	H	H	H	H	H	H	H	H	L	H

EI 为选通输入端，当 EI 为低电平时，编码器才能正常工作，EI 为高电平时，所有输出端均被封锁在高电平。GS 为宽展端，EO 为选通输出端，GS、EO 用于扩展编码功能。

当 EI=0，且所有编码输入端都是高电平时（即没有编码输入），EO=0，它可与另一片相同器件的 EI 连接，组成有更多输入端的优先编码器。

当 EI 为低电平时，电路正常工作状态下，$I_0 \sim I_7$ 当中有一个或同时有几个输入端为低电平，即有编码输入信号。I_7 的优先权最高，I_0 的优先权最低。$I_0 \sim I_7$ 中如有多个输入端为低电平，则只对其中优先级别最高的输入信号进行编码，其他优先级别低的信号可以忽略不作理会。

三种 $Y_2Y_1Y_0=111$ 的情况，可以用不同的 EI、GS、EO 加以区分。

2. 用两片 8 线-3 线编码器组成 16 线-4 线编码器

将优先级别低的 8 位信号 $I_0 \sim I_7$ 输入给一片 74LS148 芯片(1)，优先级别高的 8 位信

号 $I_8 \sim I_{15}$ 输入给另一片 74LS148 芯片(2)。

根据优先顺序的要求，只有优先级别高的 8 位 $I_8 \sim I_{15}$ 均无输入信号的时候，才允许对优先级别低的 8 位 $I_0 \sim I_7$ 的输入信号编码。因此，用优先级别高的芯片的 EO 输出端信号输给优先级别低的芯片的选通输入端，开启优先级别低的芯片，即只要把 74LS148(2) 的 EO 选通输出信号作为 74LS148(1) 的选通输入信号 EI。

当芯片(2)的编码信号输入时，它的 GS 为低电平，无编码信号输入时，GS 为高电平，可以用它作为编码输出的最高位 Z_3，以区分 8 个高优先级输入信号和 8 个低优先级输入信号的编码。编码输出的次高位 Z_2 应为两片输出 Y_2 的逻辑或(可用与非门实现)。依次类推，Z_1 应为两片输出 Y_1 的逻辑或，Z_0 应为两片输出 Y_0 的逻辑或。

四、实验内容

1. 8 线-3 线优先编码器 74LS148 芯片的逻辑功能测试。

将 74LS148 芯片的电源接好，输入端 $I_0 \sim I_7$ 接在逻辑电平开关上，输出端 Y_2、Y_1、Y_0 接在逻辑电平显示上，按照表 2-6-1 分别给 $I_0 \sim I_7$ 不同的电平输入，测试各个输出管脚的电平情况是否与表符合。

2. 用两片 8 线-3 线编码器组成 16 线-4 线编码器，连接调试电路，并记录实验结果。

五、实验思考

1. 简述图 2-6-3 中 16 线-4 线编码器的工作原理。

2. 写出图 2-6-3 中输出四位 $Z_3 Z_2 Z_1 Z_0$ 的逻辑表达式。最高位 Z_3 为何可以由芯片 (2) 的 GS 表示？

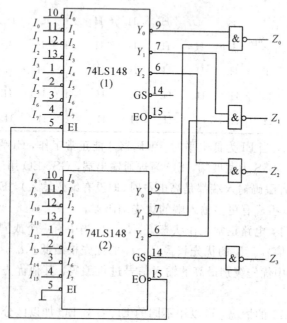

图 2-6-3 16 线-4 线编码器参考电路

3. 74LS148 芯片的输出端 GS、EO 的作用是什么？图 2-6-3 中两个芯片的 GS、EO 分别是什么逻辑状态？

2.7 译码器的测试与应用

一、实验目的

1. 掌握集成译码器的逻辑功能和测试方法。
2. 了解译码器的工作原理、扩展功能和主要应用。

二、实验预习

1. 查询集成芯片引脚，了解 74LS138 的逻辑功能。
2. 复习译码器的工作原理。
3. 根据实验内容，写出逻辑表达式，列出真值表，画出实验电路图。

三、实验原理

1. 译码器工作原理

译码是编码的逆过程，其作用是将给定的代码翻译成相应的状态。译码器在数字系统中的应用比较广泛，不但可以用于代码的转换，还常用于存储器的寻址、数据的分配，以及组合逻辑函数功能的实现。常用的译码器有二进制译码器、二-十进制译码器和显示译码器三类。本实验只研究二进制译码器。二进制译码器有 n 个输入端，2^n 个译码输出端。

下面以 3 线-8 线译码器为例，简述二进制译码器的工作原理。74LS138 芯片的逻辑图和引脚排列如图 2-7-1 所示，74LS138 的逻辑功能如表 2-7-1 所示。

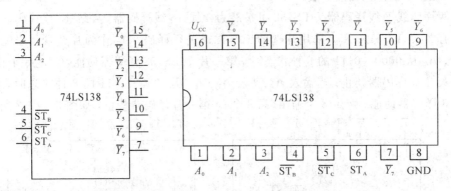

图 2-7-1 74LS138 芯片的逻辑图和引脚排列

3 位二进制输入 A_2、A_1、A_0 共有 $2^3 = 8$ 种状态组合，即可译出 8 个输出信号 $\overline{Y}_0 \sim \overline{Y}_7$，输出为低电平有效。三个使能端 ST_A、$\overline{ST}_B$、$\overline{ST}_C$ 为电路功能的扩展提供了方便。由表 2-7-1 可知，当 $ST_A=1$，$\overline{ST}_B=0$，$\overline{ST}_C=0$ 时译码器处于工作状态。在使能输入为有效电平，译码器正常工作时，对应于 A_2、A_1、A_0 的某种状态组合，$\overline{Y}_0 \sim \overline{Y}_7$ 中只有一个输出端为低电平（有效输出），其余输出端为高电平（无效电平）。例如，在译码器正常工作时，

$A_2A_1A_0=101$,输出只有 $\overline{Y}_5=0$,其余输出端都是"1"。

表 2-7-1 74LS138 功能表

输入						输出							
ST_A	$\overline{ST}_B$	$\overline{ST}_C$	A_2	A_1	A_0	$\overline{Y}_0$	$\overline{Y}_1$	$\overline{Y}_2$	$\overline{Y}_3$	$\overline{Y}_4$	$\overline{Y}_5$	$\overline{Y}_6$	$\overline{Y}_7$
×	H	×	×	×	×	H	H	H	H	H	H	H	H
×	×	H	×	×	×	H	H	H	H	H	H	H	H
L	×	×	×	×	×	H	H	H	H	H	H	H	H
H	L	L	L	L	L	L	H	H	H	H	H	H	H
H	L	L	L	L	H	H	L	H	H	H	H	H	H
H	L	L	L	H	L	H	H	L	H	H	H	H	H
H	L	L	L	H	H	H	H	H	L	H	H	H	H
H	L	L	H	L	L	H	H	H	H	L	H	H	H
H	L	L	H	L	H	H	H	H	H	H	L	H	H
H	L	L	H	H	L	H	H	H	H	H	H	L	H
H	L	L	H	H	H	H	H	H	H	H	H	H	L

2. 用译码器实现组合逻辑功能

当使能端有效时,输入变量为 A_2、A_1、A_0,每个有效的输出正好对应于输入变量的一个最小项,任意逻辑函数都可以用若干最小项之和的形式表示,即用 $\sum m_i$ 表示(各个输出端之间是或的关系),其中 i 表示最小项的编号。把各个最小项用简单的门电路组合起来,就可以实现对最小项运算的逻辑函数。由于 74LS138 是低电平有效输出,所以需将最小项变换为反函数的形式。译码器输出端加入与非门可以实现给定的组合逻辑函数。

3. 3 线-8 线译码器的扩展

用两片 3 线-8 线译码器 74LS138 可扩展为 4 线-16 线译码器。4 线-16 线译码器的二进制输入有 A_3、A_2、A_1、A_0,采用片选的工作方式进行译码,A_3 作为片选端。当输入 A_3、A_2、A_1、A_0 从 0000~0111 的 8 种状态时,第一片 74LS138 译码器使能,产生 8 个输出(低 8 个),第二片译码器禁止;当输入 A_3、A_2、A_1、A_0 从 1000~1111 的 8 种状态时,第二片 74LS138 译码器使能,产生 8 个输出(高 8 个),第一片译码器禁止,如图 2-7-2 所示。

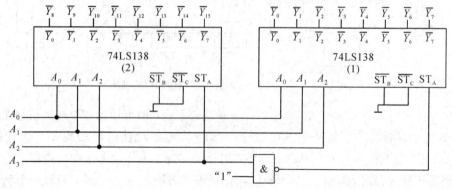

图 2-7-2 74LS138 扩展成 4 线-16 线译码器

四、实验内容

1. 3线-8线译码器74LS138的功能测试。将74LS138的输入端A_2、A_1、A_0和使能控制端ST_A、$\overline{ST_B}$、$\overline{ST_C}$分别接逻辑电平开关,输出端$\overline{Y_0} \sim \overline{Y_7}$分别接发光二极管,根据表2-7-1设置使能、输入信号,检查芯片的译码功能。

2. 用3线-8线译码器74LS138及与非门构成一个奇偶检验器。三个输入变量中有奇数个1时$F_1=1$,否则$F_1=0$;输入变量中有偶数个1时$F_2=1$,否则$F_2=0$。列出奇偶检验器的真值表,写出F_1和F_2的逻辑表达式,画出逻辑电路图,并连接电路验证其功能。

3. 用两片3线-8线译码器74LS138扩展为4线-16线译码器,实现下列逻辑函数$F_1=ABCD+BC$,$F_2=\overline{ABCD}+A\overline{C}$所示的逻辑功能。根据逻辑表达式填写表2-7-2,将逻辑表达式的最小项变换为反函数的形式,画出逻辑电路图,并连接电路。

表2-7-2 实验真值表

A	B	C	D	F_1	F_2
0	0	0	0		
0	0	0	1		
0	0	1	0		
0	0	1	1		
0	1	0	0		
0	1	0	1		
0	1	1	0		
0	1	1	1		
1	0	0	0		
1	0	0	1		
1	0	1	0		
1	0	1	1		
1	1	0	0		
1	1	0	1		
1	1	1	0		
1	1	1	1		

五、实验思考

1. 简述用74LS138扩展为4线-16线译码器的构思过程。

2. 用74LS138设计一位全减器,写出真值表和逻辑表达式,画出逻辑电路图。

2.8 移位寄存器的测试与应用

一、实验目的

1. 了解双向移位寄存器 74LS194 的逻辑功能及使用方法。
2. 掌握用 74LS194 构成循环计数器的方法。
3. 掌握用 74LS194 构成奇、偶分频器的方法。
4. 熟悉用移位寄存器实现数据的串行、并行转换功能。

二、实验预习

1. 查找手册,熟悉 74LS194 的逻辑功能。
2. 复习用 74LS194 构成循环计数器和奇、偶分频器的方法。
3. 复习用移位寄存器实现串行、并行数据转换的功能。
4. 用发光二极管显示实验过程,了解对时钟脉冲的频率有何要求。

三、实验原理

1. 移位寄存器功能介绍

移位寄存器是一个具有移位功能的寄存器,是指寄存器中所存的代码能够在移位脉冲的作用下依次左移或右移,同时既能左移又能右移的称为双向移位寄存器。移位寄存器不仅可以用于寄存代码,还可以实现数据的串行-并行转换、数值的运算和数据的处理等。

本实验选用的 4 位双向通用移位寄存器,型号为 74LS194,其引脚排列和逻辑符号如图 2-8-1 所示。其中,D_0、D_1、D_2、D_3 为并行输入端;Q_0、Q_1、Q_2、Q_3 为并行输出端;D_{SR} 为右移串行输入端,D_{SL} 为左移串行输入端;M_1、M_0 为操作模式控制端;$\overline{CR}$ 为清零端;CP 为时钟脉冲输入端。74LS194 有四种不同的操作模式:并行送数寄存、右移、左移、保持。M_1、M_0 和 $\overline{CR}$ 端的控制作用见表 2-8-1。

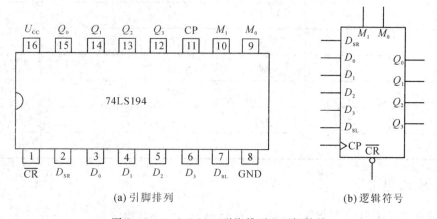

图 2-8-1 74LS194 引脚排列和逻辑符号

表 2-8-1   74LS194 功能表

功能	输入									输出			
	CP	$\overline{CR}$	M_1	M_0	D_{SR}	D_{SL}	D_0	D_1	D_2	D_3	Q_0^{n+1}	Q_1^{n+1}	Q_2^{n+1}	Q_3^{n+1}
清除	×	0	×	×	×	×	×	×	×	×	0	0	0	0
置数	↑	1	1	1	×	×	a	b	c	d	a	b	c	d
右移	↑	1	0	1	D_{SR}	×	×	×	×	×	D_{SR}	Q_0^n	Q_1^n	Q_2^n
左移	↑	1	1	0	×	D_{SL}	×	×	×	×	Q_1^n	Q_2^n	Q_3^n	D_{SL}
保持	↑	1	0	0	×	×	×	×	×	×	Q_0^n	Q_1^n	Q_2^n	Q_3^n

由表 2-8-1 可知，当 $\overline{CR}=0$ 有效时，构成移位寄存器的全部触发器被复位，这时 $Q_0Q_1Q_2Q_3=0000$。当 $\overline{CR}=1$ 有效时，移位寄存器正常工作，这时功能控制输入端 M_1、M_0 决定移位寄存器的工作状态，当 $M_1M_0=00$ 时，移位寄存器中的各级触发器的状态保持不变；当 $M_1M_0=01$ 时，寄存器完成右移功能；$M_1M_0=10$ 时，完成左移功能；当 $M_1M_0=11$ 时，执行并行数据输入操作，即置数。

移位寄存器的应用很广，可构成移位寄存器型计数器、顺序脉冲发生器、串行累加器，也可用作数据转换，即把串行数据转换为并行数据，或把并行数据转换为串行数据等。

2. 用移位寄存器实现循环移位逻辑功能

将移位寄存器移出的数据位反馈到它的串行输入端，就可以进行循环移位，同时也可以作为顺序脉冲发生器。将输出端 Q_3 和右移串行输入端 D_{SR} 相连接，就可以构成右移循环计数器，如图 2-8-2(a) 所示；将输出端 Q_0 和左移串行输入端 D_{SL} 相连接，就可以构成左移循环计数器，如图 2-8-2(b) 所示。

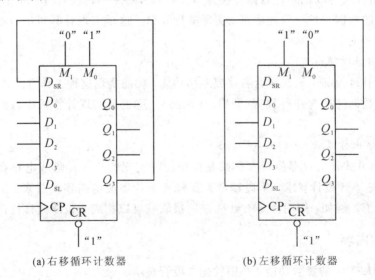

(a) 右移循环计数器   (b) 左移循环计数器

图 2-8-2 循环计数器

3. 用移位寄存器实现奇、偶分频器

将移位寄存器的某个输出端直接反馈到它的串行输入端,或将几个输出端经过逻辑运算后反馈到它的串行输入端,就可以构成奇、偶分频器。图 2-8-3 给出了两种不同的分频电路。

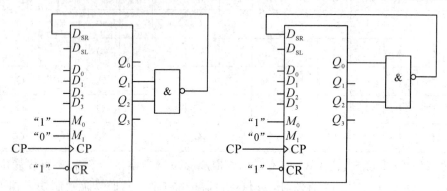

图 2-8-3 奇、偶分频器电路图

4. 用移位寄存器实现数据串、并行转换

通过改变功能控制输入端 M_1M_0 的控制信号,可以使 74LS194 构成下列各种不同的数据输入、输出方式。

1) 并入-并出方式

并入-并出方式是在功能控制输入端 $M_1M_0 = 11$ 时实现的。在这种方式下,只要 CP 的上升沿到来,移位寄存器就把并行数据输入端 $D_0D_1D_2D_3$ 的数据同时接收过来,使得 $Q_0Q_1Q_2Q_3 = D_0D_1D_2D_3$。这种方式常用于数据锁存。

2) 并入-串出方式

并入-串出方式可以把并行数据转换为串行数据(即并/串转换)。在 CP 脉冲的控制下,使存入寄存器的数据一位一位地输出,实现串行输出。这是实现计算机串行通信的重要操作过程。

3) 串入-并出方式

对于 74LS194 来说,只要执行右移或左移功能,就能实现这种工作方式。串入-并出方式可以把串行数据转换为并行数据(即串/并转换)。这也是实现计算机串行通信的重要操作过程。

4) 串入-串出方式

串入-串出方式是寄存器执行右移或左移功能时实现的。一片集成电路在实际应用中往往不够用,达不到设计要求,所以经常需要将若干片集成电路连接起来,实现一个较大的集成电路系统。例如,用两片 74LS194 进行级联就可以构成 8 位双向移位寄存器。

四、实验内容

1. 测试 74LS194 的置数功能,并用发光二极管显示。
2. 测试 74LS194 的右移逻辑功能,用发光二极管显示,并将状态填入表 2-8-2。

表 2-8-2 测试 74LS194 的右移逻辑功能记录表

	逻辑右移				
D_{SR}	CP	Q_0	Q_1	Q_2	Q_3
	0	0	1	0	1
1	1				
0	2				
1	3				
1	4				
1	5				
0	6				
0	7				
1	8				

3. 测试 74LS194 的左移逻辑功能，用发光二极管显示，并将状态填入表 2-8-3。

表 2-8-3 测试 74LS194 的左移逻辑功能记录表

	逻辑左移				
D_{SL}	CP	Q_0	Q_1	Q_2	Q_3
	0	0	1	0	1
1	1				
0	2				
1	3				
1	4				
1	5				
0	6				
0	7				
1	8				

4. 测试 74LS194 的右循环移位逻辑功能和左循环移位逻辑功能，画出电路图，设置初始状态，用发光二极管显示，列出状态转换图。

5. 用 74LS194 设计一个奇分频电路和一个偶分频电路，用发光二极管显示电路状态，列出状态转换图，分析电路是几分频电路。

6. 用 74LS194 实现数据的串、并行转换。

(1) 设计串行输入、并行输出电路，进行右移串入、数据并出实验，串行输入数码自定。自拟表格，记录实验结果。

(2) 设计并行输入、串行输出电路，进行数据并入、右移串出实验，并行输入数码自定。自拟表格，记录实验结果。

五、实验思考

1. 如何用移位寄存器构成扭环型计数器？
2. 简述时序电路自启动的作用，是否可以用人工预置等方法代替自启动功能？

2.9 触发器的测试与应用

一、实验目的

1. 熟悉触发器的结构、工作原理和特点。
2. 掌握基本 JK 触发器和 D 触发器的逻辑功能。
3. 熟悉触发器之间相互转换的方法。
4. 掌握用触发器构成序列检测器的方法。

二、实验预习

1. 复习触发器的结构、工作原理和逻辑功能。
2. 查找实验中需用的触发器相关资料，并列出各触发器功能测试表格。
3. 按实验内容和要求进行序列检测器电路设计，拟定电路测试方案。

三、实验原理

触发器是时序逻辑电路的最基本单元，在时序逻辑领域内占有相当重要的地位，它作为基本记忆单元广泛应用于各种时序逻辑系统中。

1. 触发器的基本性质

触发器是具有记忆功能的逻辑单元，是存储一位二进制代码最常用的单元电路，也是构成时序逻辑电路的基本单元电路。

由于二进制数字信号只有 0 和 1 两种状态，所以对作为存放这些信号的单元电路——触发器必须具备以下两个基本性质：

（1）在一定的条件下，触发器维持在两种稳定状态（1 态或 0 态）之一而保持不变。
（2）在一定的外加信号作用下，触发器可以从一种稳定状态转变到另一种稳定状态。

2. 触发器的分类

触发器主要有以下三种分类方式。

（1）根据电路结构形式的不同，有基本 RS 触发器、同步 RS 触发器、主从触发器、维持阻塞触发器、CMOS 边沿触发器等。

（2）根据触发器逻辑功能的不同，有 RS 触发器、JK 触发器、T 触发器、D 触发器、T' 触发器等。

（3）根据有无时钟来分，有基本触发器和时钟触发器。

此外，根据存储数据的原理不同，还可把触发器分成静态触发器和动态触发器两大类。静态触发器是靠电路状态的自锁存存储数据的；而动态触发器是通过 MOS 管栅极输入电容存储电荷来存储数据的。

3. D 触发器

D 触发器的应用很广，可用作数字信号的寄存、移位寄存、分频和波形发生等。有很多种型号可供选用，如双 D74LS74、四 D74LS175 等。图 2-9-1 为双 D74LS74 的引脚排列及逻辑符号。

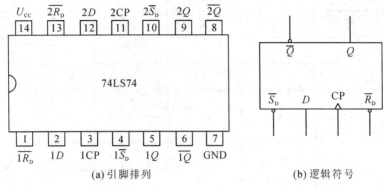

(a) 引脚排列　　　　　　　　　　(b) 逻辑符号

图 2-9-1　74LS74 的引脚排列及逻辑符号

74LS74 触发器的逻辑功能如表 2-9-1 所示，特征方程为：$Q^{n+1}=D$。

表 2-9-1　D 触发器的逻辑功能

输入				输出	
$\overline{S_D}$	$\overline{R_D}$	CP	D	Q^{n+1}	$\overline{Q^{n+1}}$
0	1	×	×	1	0
1	0	×	×	0	1
0	0	×	×	$\varnothing$	$\varnothing$
1	1	↑	0	0	1
1	1	↑	1	1	0

4. JK 触发器

JK 触发器常被用作缓冲存储器、移位寄存器和计数器。本实验采用 74LS107 双 JK 触发器，该触发器为下降沿触发的边沿触发器，其引脚排列及逻辑符号如图 2-9-2 所示。

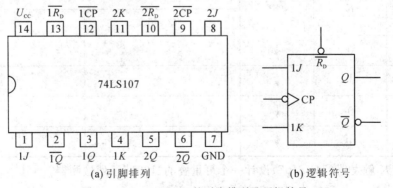

(a) 引脚排列　　　　　　　　　　(b) 逻辑符号

图 2-9-2　74LS107 的引脚排列及逻辑符号

74LS107 双 JK 触发器的逻辑功能如表 2-9-2 所示，其特征方程为

$$Q^{n+1} = J\overline{Q}^n + \overline{K}Q^n$$

表 2-9-2 JK 触发器的逻辑功能

$\overline{R_D}$	J	K	CP	Q^n	Q^{n+1}	$\overline{Q^{n+1}}$
0	×	×	×	×	0	1
1	0	1	↓	×	0	1
1	1	0	↓	×	1	0
1	0	0	↓	1	1	0
				0	0	1
1	1	1	↓	0	1	0
				1	0	1

5. 触发器之间的相互转换

在集成触发器中，每一种触发器都有自己固定的逻辑功能，但可以利用转换的方法获得具有其他功能的触发器。例如，将 JK 触发器的 J、K 两端连在一起，并认为它是 T 端，就得到所需的 T 触发器；同样，若将 D 触发器的 $\overline{Q}$ 端与 D 端相连，便转换成 T 触发器；JK 触发器也可转换为 D 触发器等。

四、实验内容

1. 测试 D 触发器 74LS74 的逻辑功能，自拟表格，记录测试结果。

（1）测试 $\overline{R_D}$、$\overline{S_D}$ 的复位、置位功能。

（2）测试 D 触发器的逻辑功能。

2. 测试 JK 触发器 74LS107 的逻辑功能。将 $\overline{R_D}$ 接"1"，按表 2-9-3 的要求改变 J、K、CP 端的状态，测试 JK 触发器的逻辑功能。

表 2-9-3 测试 JK 触发器的逻辑功能记录表

J	K	CP	Q^{n+1}	
			$Q^n=0$	$Q^n=1$
0	0	↓		
0	1	↓		
1	0	↓		
1	1	↓		

3. 用 JK 触发器(74LS107)设计一个可重叠的"1001"序列检测器。

（1）要求输入 X 和输出 Z 之间符合下列关系：

X: 01010010010001100100
Z: 00000010010000000100

(2) 设定状态分配：$S_0=00$，$S_1=01$，$S_2=10$，$S_3=11$（状态变化依次为 $S_0 \to S_1 \to S_2 \to S_3$）。

(3) 写出序列检测器的设计过程。画出状态转移图，求出 JK 驱动函数和电路输出函数，画出逻辑电路图。

(4) 将序列检测器的工作过程填入表 2-9-4 中。

表 2-9-4 序列检测器工作过程记录表

	X	CP	X	CP	X	CP	X	CP	X	CP	X	CP
	0	↓	1	↓	0	↓	0	↓	1	↓	0	↓
Q_1Q_0	00											
Z	0											

五、实验思考

1. 举例触发器的应用。
2. 在进行同步时序电路的设计时，如何检查电路的自启动功能。
3. 当电路某个状态出错时，应如何排除错误，试举例说明。

2.10 异步时序逻辑电路的应用

一、实验目的

1. 掌握常用时序逻辑电路的分析、设计和调试方法。
2. 熟悉异步计数器的设计及调试方法。

二、实验预习

1. 复习异步时序逻辑电路的设计方法。
2. 掌握用 JK 触发器构成异步计数器的方法。
3. 熟悉 JK 触发器的复位功能。

三、实验原理

1. 时序逻辑电路的结构特点

时序逻辑电路在任一时刻的输出不仅取决于该时刻的输入，还与电路原来的状态有关。

2. 时序逻辑电路的分类

时序逻辑电路可分为同步时序电路和异步时序电路两大类。

(1) 同步时序逻辑电路,是指在时序逻辑电路中,存储电路的各级触发器的时钟输入CP都连接在一起,所有触发器有一个统一的时钟源,因而使得所有触发器状态的(也就是时序逻辑电路状态)变化均与输入的时钟脉冲同步。

(2) 异步时序逻辑电路,是指没有统一的时钟脉冲,因此,触发器状态的变化不一定与输入的时钟脉冲同步。

3. 异步时序逻辑电路的设计

时序逻辑电路的设计是根据给定的逻辑功能需求,选择适当的逻辑器件,设计出符合要求的时序电路。异步时序逻辑电路设计的一般过程与同步时序逻辑电路设计大体相同。

(1) 由给定的逻辑功能建立原始状态图和原始状态表。根据所要设计的时序电路的逻辑功能确定输入变量和输出变量的数目和符号,找出所有可能的状态和状态转换之间的关系,建立原始状态图和原始状态表。

(2) 状态化简。化简原始状态图或原始状态表,去除多余状态,其目的是减少电路中触发器及门电路的数量,但不能改变原始状态图或原始状态表所表达的逻辑功能。

(3) 状态分配并确定触发器的类型和数目。

(4) 确定激励方程组和输出方程组。根据状态分配后的状态表,用卡诺图或其他方式对逻辑函数进行化简,可求得电路的激励方程组和输出方程组。

(5) 画出逻辑图,并检查自启动能力。由于异步时序逻辑电路中没有统一的时钟脉冲信号,各存储电路不是同时更新状态的,对输入脉冲信号有一定约束,所以在某些步骤的细节上有所不同。异步时序逻辑电路不允许两个或两个以上输入端同时为"1"(用"1"表示有脉冲出现),形成原始状态图和原始状态表时,若有多个输入信号,只需要考虑多个输入信号中仅有一个为"1"的情况,从而使问题的描述得以简化。在确定激励函数和输出函数时,可将两个或两个以上输入同时为"1"的情况作为无关条件处理。

当存储电路采用时钟控制端的触发器时,触发器的时钟应作为激励函数处理。设计时通过对触发器的时钟端和输入端情况的综合处理,有利于函数简化。

4. 自动复位异步十进制加法计数器

一个具体的计数器能够记忆输入脉冲的数目称为计数器的计数容量、长度或模,n 位二进制计数器的模为 2^n,需用 n 个触发器构成时序电路。如用 JK 触发器构成异步二进制加法计数器各触发器间的连接时,JK 输入端设置为"1",最低位时钟脉冲输入端接计数脉冲源,其他各位触发器的时钟脉冲输入端连接到相邻低位的输出端 Q 或 $\bar{Q}$。如果触发器为上升沿触发,则在相邻低位由 0→1 变化时,使相邻高位翻转,可由相邻低位的 $\bar{Q}$ 端引出;如果触发器为下降沿触发,则在相邻低位由 1→0 变化时,满足高位触发器翻转条件,时钟脉冲输入端应接相邻低位触发器的 Q 端。

4 位异步二进制加法计数器需要 4 个 JK 触发器,其计数状态产生 0000~1111 共 16 个状态,异步十进制加法计数器是在异步二进制计数器基础上形成。根据加法计数器计数规律,实际计数为 0000~1001 共 10 个状态,当输入第 10 个计数脉冲时,计数器应跳过 1010~1111 这 6 个状态,从 1001 状态返回到 0000 状态,即不出现 1010 状态,直接进行 JK 触发器复位操作。将触发器输出端 Q 状态为"1"的端连接到与非门后输出"0"至各触发器的复位端对计数器进行复位。异步十进制计数器的状态表如表 2-10-1 所示,逻辑电路如图 2-10-1 所示。

表 2-10-1 异步十进制计数器的状态表

计数脉冲 CP	Q_3	Q_2	Q_1	Q_0
0	0	0	0	0
1	0	0	0	1
2	0	0	1	0
3	0	0	1	1
4	0	1	0	0
5	0	1	0	1
6	0	1	1	0
7	0	1	1	1
8	1	0	0	0
9	1	0	0	1
10	0	0	0	0

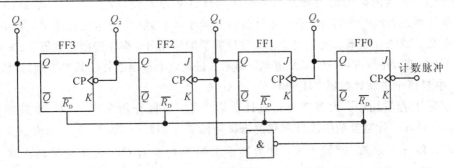

图 2-10-1 异步十进制计数器逻辑电路

四、实验内容

1. 用 JK 触发器 74LS107 和与非门 74LS00 设计一个 8421BCD 编码的异步十进制计数器，画出逻辑电路图，连接调试电路，记录状态表。

2. 用 JK 触发器 74LS107 和与非门 74LS00、74LS10 设计一个用 8421BCD 编码具有复"0"功能的异步七进制计数器，画出逻辑电路图，写出状态表，连接调试电路。

五、实验思考

1. 异步计数器与同步计数器在设计方法上有何不同？
2. 如何实现异步七进制计数器的复"0"功能？

2.11 计数器的测试与应用

一、实验目的

1. 了解中规模集成计数器电路的逻辑功能和各控制端的作用。
2. 掌握用集成计数器实现任意进制（任意模）计数的方法。
3. 熟悉集成计数器的级联扩展功能。

二、实验预习

1. 查找手册，熟悉实验所用的各集成芯片的管脚排列及逻辑功能。
2. 掌握用反馈归零法设计任意进制计数器的方法。
3. 熟悉用级联法设计任意进制计数器的方法。
4. 绘制出实验内容中的电路图。

三、实验原理

计数器是数字系统中常用的基本逻辑部件，应用非常广泛。所谓"计数"就是计算时钟脉冲的个数，所能记忆的最大脉冲的个数称为该计数器的模（或进制）。计数器的种类繁多，按触发器是否同时翻转分，有同步计数器和异步计数器；按计数过程数字的增减分，有加法计数器、减法计数器和可逆计数器；按计数器的体制分，有二进制计数器、二-十（或称十进制）计数器、任意进制（也称 N 进制，即除二进制、十进制之外的其他进制）计数器。

1. 中规模十进制计数器 74LS90

在实际工程应用中，大多选用集成计数器产品，下面介绍异步二-五-十进制计数器 74LS90。74LS90 计数器的引脚排列和逻辑符号如图 2-11-1 所示。$R_{0(1)}$ 和 $R_{0(2)}$ 是清零输入端，$S_{9(1)}$ 和 $S_{9(2)}$ 是置"9"输入端，计数器输出端为 $Q_3 Q_2 Q_1 Q_0$，两个时钟输入端为 $\overline{CP_0}$、$\overline{CP_1}$。74LS90 的逻辑功能如表 2-11-1 所示。

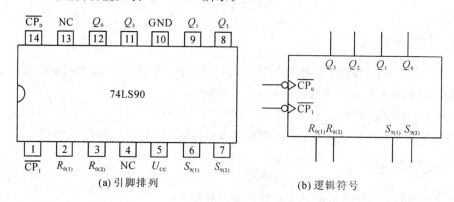

图 2-11-1 74LS90 计数器的引脚排列和逻辑符号

表 2-11-1　74LS90 逻辑功能表

$R_{0(1)}$	$R_{0(2)}$	$S_{9(1)}$	$S_{9(2)}$	Q_3	Q_2	Q_1	Q_0
1	1	0	×	0	0	0	0
1	1	×	0	0	0	0	0
×	×	1	1	1	0	0	1
×	0	×	0	计数模式			
0	×	0	×	计数模式			
0	×	×	0	计数模式			
×	0	0	×	计数模式			

74LS90 具有两个时钟输入端 $\overline{CP_0}$、$\overline{CP_1}$。下面按二、五、十进制三种情况来分析 74LS90 的计数模式。

(1) 只从 $\overline{CP_0}$ 输入计数脉冲，由 Q_0 输出计数，74LS90 为二进制计数器。

(2) 只从 $\overline{CP_1}$ 输入计数脉冲，由 Q_3、Q_2、Q_1 输出计数，74LS90 为五进制计数器。

(3) 将 Q_0 端与 $\overline{CP_1}$ 端连接，从 $\overline{CP_0}$ 输入计数脉冲，由 Q_3、Q_2、Q_1、Q_0 输出计数，74LS90 为十进制计数器。

2. 任意进制计数器

目前常用的计数器主要有二进制和十进制。当我们需要任意进制的计数器时，可以通过添加辅助电路对现有的计数器进行改接获得。下面介绍两种改接方法。

(1) 反馈清零法。反馈清零法的实现方法：在任意进制 M 的第 M 个脉冲到来时，通过辅助电路将计数器反馈置零，从而获得 M 进制计数器。这种方法可以实现小于原计数器进制的多种进制计数器。图 2-11-2 是通过反馈清零法将 74LS90 计数器改接为七进制计数器。它从 0000 开始计数，第 6 个脉冲 $\overline{CP_0}$ 来后，输出为 0110，第 7 个脉冲 $\overline{CP_0}$ 来后，输出为 0000，从零开始，重新计数，因此为七进制计数器。

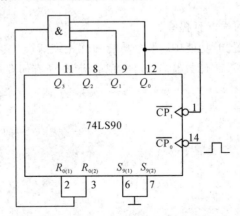

图 2-11-2　74LS90 计数器构成七进制计数器

(2) 级联法。级联法是将两种计数制级联构成其他进制的计数器。图 2-11-3 是通过级联法将一片工作在五进制的 74LS90 计数器和一片工作在十进制的 74LS90 计数器级联构成五十进制计数器。

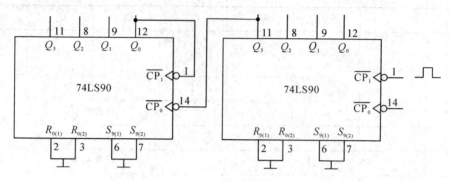

图 2-11-3 五、十计数器级联成五十进制计数器

四、实验内容

1. 74LS90 计数器的功能测试。

（1）验证 74LS90 的清零、置"9"功能。

（2）将 74LS90 分别接成二进制、五进制、8421 码十进制计数器，画出逻辑电路图，列出状态转移图。

2. 用 74LS90 实现任意模（M）计数器。

（1）用反馈清零法实现 8421 码六进制计数器。计数过程用发光二极管或数码显示管显示，画出逻辑电路图，列出状态转移图。

（2）将两片 74LS90 扩展为一百进制，再用反馈清零法实现 8421 码十五进制计数器。计数过程用发光二极管或数码显示管显示，画出逻辑电路图，列出状态转移图。

（3）用级联法实现十五进制计数器。计数过程用发光二极管或数码显示管显示，画出逻辑电路图。

五、实验思考

1. 集成计数器产品的优点有哪些。

2. 74LS90 的清零和置"9"功能中，哪个功能的优先级高？

3. 用级联法实现任意进制计数器时，对实现的进制 M 有何要求？

第3章　数字电子技术综合设计实验

3.1　译码驱动电路的设计

一、实验目的

1. 掌握译码器的设计原理。
2. 掌握七段显示译码器的使用。
3. 熟悉译码驱动器的逻辑功能及使用方法。

二、预习与设计要求

1. 复习译码驱动电路的原理和设计方法。
2. 复习计数器的原理和设计方法。
3. 设计要求:设计一个两位十进制计数、译码和显示电路。计数器对输入时钟脉冲CP的个数进行计数。计数器的输出结果通过七段显示译码器显示。其设计要求是输入 A、B、C、D 为 8421BCD 码 0000 0000～1001 1001，输出为 a～g 用于驱动七段显示译码器显示器，最后在七段显示译码器的显示器上显示计数器的输出结果 0～99。

三、实验原理

根据设计要求，时钟脉冲输入给计数器，计数结果 BCD 码又经过译码器、驱动器进行码制转换，最后由显示器显示计数结果。图 3-1-1 是本实验的基本原理框图。

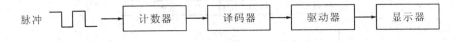

图 3-1-1　基本原理框图

1. 七段数字显示器

在数字测量仪表和各种数字系统中，都需要将数字量直观地显示出来。数字显示电路通常由译码器、驱动器和显示器等部分组成。数码显示器是用来显示数字或符号的器件的，而七段数字显示器是目前常用的显示方式。七段数字显示器的每一段都是发光二极管，有共阴极和共阳极两种电路，如图 3-1-2 所示。

共阴极显示电路是把七个发光二极管的负极接在一起并接地，而它们的 7 个正极接到七段译码驱动芯片相对应的驱动端上，芯片上的管脚名是 a、b、c、d、e、f、g，译码驱动芯片的驱动端是高电平有效。

同理,七段显示器是共阳显示电路,那就需要把七个发光二极管的正极连接在一起并接到 5 V 电源上,其余的 7 个负极接到驱动芯片相应的 a、b、c、d、e、f、g 输出端上,译码驱动芯片的驱动端是低电平有效。对于 8421BCD 码的输入 0110,其对应的十进制数为 6,则七段数字显示器的 c、d、e、f、g 段被点亮。

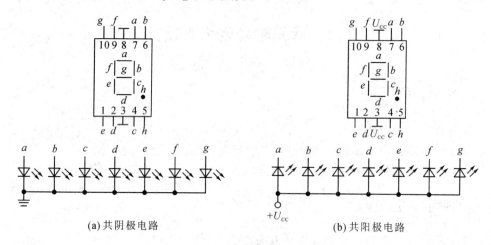

图 3-1-2 两类七段数字显示器

2. 译码驱动电路

为了使数码管能显示十进制数,必须将十进制数的代码经译码器译出,再驱动数码管显示对应的段,可以显示从 0~9 等 10 个数字。相应的七段译码驱动器也有两类:一类译码器输出高电平有效信号(用来驱动共阴极显示器),另一类译码器输出低电平有效信号(用来驱动共阳极显示器)。本实验采用 74LS49 七段译码驱动器,驱动输出是高电平有效,直接驱动共阴极的数字显示器。

74LS49 七段译码驱动器引脚排列如图 3-1-3 所示。

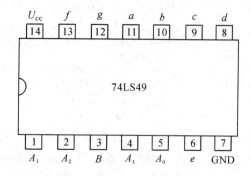

图 3-1-3 74LS49 七段译码驱动器引脚排列

图 3-1-3 中,$A_0 \sim A_3$ 是译码地址输入端,输入的是 BCD 码。输出端 $a \sim g$ 为高电平有效,驱动共阴极的七段显示器。正常显示 0~9 时,消隐输入 $\overline{BI}$ 应为高电平。当 $\overline{BI}$ 为低

电平时，无论其他输入状态如何，a~g 均为低电平，不能触发共阴极的发光二极管。74LS49 芯片的逻辑功能表如表 3-1-1 所示。

表 3-1-1 74LS49 芯片的逻辑功能表

输入					输出							
A_3	A_2	A_1	A_0	$\overline{BI}$	a	b	c	d	e	f	g	七段字形
0	0	0	0	1	1	1	1	1	1	1	0	0
0	0	0	1	1	0	1	1	0	0	0	0	1
0	0	1	0	1	1	1	0	1	1	0	1	2
0	0	1	1	1	1	1	1	1	0	0	1	3
0	1	0	0	1	0	1	1	0	0	1	1	4
0	1	0	1	1	1	0	1	1	0	1	1	5
0	1	1	0	1	1	1	1	0	0	0	1	6
0	1	1	1	1	1	1	1	0	0	0	0	7
1	0	0	0	1	1	1	1	1	1	1	1	8
1	0	0	1	1	1	1	1	0	0	1	1	9
×	×	×	×	0	0	0	0	0	0	0	0	全灭

四、电路调试要点

在实际的电路中，译码驱动器的 7 个输出端 a~g 与七段显示器的 7 个发光二极管之间不是直接连接的，而是需要连接一个电阻。这类电阻为限流电阻，调节其阻值，可以变更 LED 工作电流的大小，即可调节 LED 的亮度。如果不串联电阻则通过 LED 的电流过大，会对器件造成毁坏，如图 3-1-4 所示。

限流电阻可以根据下式计算：

$$限流电阻 = \frac{电源电压 - LED 正向稳压电压}{I}$$

其中，I 是所选择的 LED 实际的工作电流，但是，不能超过最大额定电流，又不影响发光二极管的显示功能为宜。红色发光二极管的工作电压一般为 1.8~2.2 V，为计算方便，通常选 2 V。发光二极管的工作电流选取 10~20 mA，电流选小了，七段数码管不太亮，选大了，则工作时间长了发光管易烧坏。计算可得限流电阻为 (5 V-2 V)/0.02 A = 150 Ω。

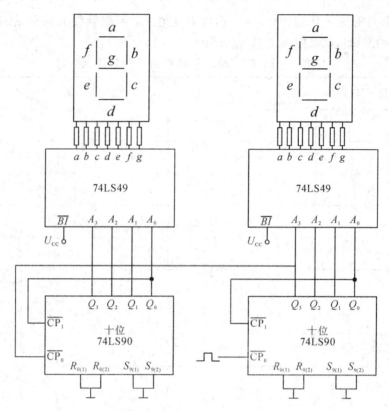

图 3-1-4 限流电阻连接电路

五、设计报告要求

1. 分析设计要求,确定设计方案,标明元器件的型号及参数。
2. 根据设计方案进行电路设计,画出电路图,并简述所设计电路的工作原理。
3. 安装调试电路,整理实验图表和数据。
4. 分析讨论在电路设计和调试过程中出现的问题或故障。

3.2 四位串行加法电路的设计

一、实验目的

1. 熟悉移位寄存器和 D 型触发器的使用方法。
2. 了解全加器的功能及应用。
3. 掌握四位串行加法电路的设计方法。

二、预习与设计要求

1. 复习移位寄存器 74LS194 和 D 型触发器 74LS74 的逻辑功能。
2. 了解加法器 74LS183 的逻辑功能。

3. 设计要求：四位二进制数 A 和 B 分别按照从低位到高位的顺序串行输入加法器 74LS183，通过加法器 74LS183 实现 A 和 B 的全加运算。

三、实验原理

1. 74LS183 芯片的逻辑功能

74LS183 芯片为双进位保留全加器，包含两组 1 位全加器，其引脚排列如图 3-2-1 所示。引脚 1 和引脚 3 分别为第一组全加器的加数和被加数的输入端，引脚 4 接第一组全加器的低位进位信号，引脚 6 输出第一组全加器的求和结果，引脚 5 输出第一组全加器向高位的进位信号，引脚 13 和 12 分别为第二组全加器的加数和被加数的输入端，引脚 11 接第二组全加器的低位进

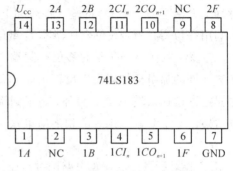

图 3-2-1 74LS183 引脚排列图

位信号，引脚 8 输出第二组全加器的求和结果，引脚 10 输出第二组全加器向高位的进位信号，另外，引脚 2 和 9 为空引脚。

2. 利用移位寄存器和 D 型触发器形成四位串行加法电路

如图 3-2-2 所示，两个四位二进制数 A 和 B 分别存入两个移位寄存器 74LS194，第一个移位寄存器依次将 A 的低位到高位 A_0、A_1、A_2 和 A_3 串行输出至全加器 74LS183 的被加数端 $1B$，第二个移位寄存器依次将 B 的低位到高位 B_0、B_1、B_2 和 B_3 串行输出至全加器的加数端 $1A$，一位全加器依次对 $1A$ 和 $1B$ 上的信号按位进行全加计算。当前位的相加结果由 $1F$ 输出（$1F$ 与一组移位寄存器的右移输入端 D_{DR} 连接），当前位向后一位的进位由 $1CO_{n+1}$ 输出，经过 D 触发器 74LS74 后再传送至 $1CI_n$ 参与下一位的加法运算。四位全加运算结束后，一组移位寄存器的 4 个输出端依次输出 A 和 B 四位相加的结果，而另一组移位寄存器的 4 个输出端依次输出 0。

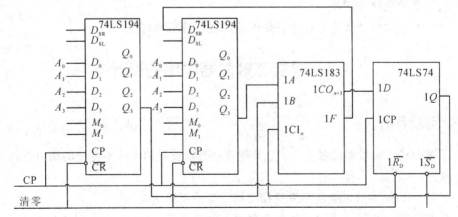

图 3-2-2 四位串行加法电路的示意图

四、电路调试要点

1. 根据移位寄存器 74LS194、一位全加器 74LS183 和 D 型触发器 74LS74 的逻辑功能，测试芯片的好坏，其中，在测试 74LS194 芯片时，注意区分 74LS194 的左移功能和右移功能，以及区分左移输入端 D_{SL} 和右移输入端 D_{SR}。在测试 D 型触发器 74LS74 时，注意比对脉冲上升沿之前 74LS74 的输入信号和上升沿之后 74LS74 的输出信号是否一致。

2. 利用移位寄存器、一位全加器和 D 型触发器设计四位串行加法电路的逻辑电路图，调试时，应该注意移位寄存器的移位控制端 M_0、M_1 输入为右移动控制信号，74LS183 中用于加法计算的那组全加器的进位输出端 $1CO_{n+1}$ 需要经过 D 型触发器之后再传送至同一组加法器的进位输入端 $1CI_n$。另外，为了利用移位寄存器芯片 74LS194 并行输出最终的加法运算结果，可以将 74LS183 的相加结果输出端 $1F$ 与一组移位寄存器的右移输入端 D_{SR} 相连。

3. 用实验对所设计的逻辑电路图进行验证。将参与运算的全加器 $1F$ 端的相加结果传送至其中一个移位寄存器的同时将其和发光二极管相连。选择三组不同的数据进行相加，根据发光二极管的显示将实验结果填入表 3-2-1 中。

表 3-2-1 四位串行加法运算结果

A	B	相加结果

五、设计报告要求

1. 报告中应包括实验目的、实验内容、实验步骤等。
2. 简述实验原理和电路设计过程。
3. 画出逻辑电路原理图。
4. 对实验结果以及实验过程中发现的问题进行分析和讨论。

3.3 单稳态触发器电路的设计

一、实验目的

1. 了解单稳态触发器的触发方式，掌握单稳态触发器输出脉冲宽度的调节方法与测试方法。
2. 了解 74LS123 双可重复触发单稳态触发器的逻辑功能。
3. 掌握应用 74LS123 双可重复触发单稳态触发器设计延时电路。
4. 掌握应用 74LS123 双可重复触发单稳态触发器设计一个占空比可调的方波发生器。

二、预习与设计要求

1. 熟悉单稳态触发器的工作原理。
2. 复习 74LS123 双可重复触发单稳态触发器的逻辑功能。
3. 设计要求：

(1) 用 74LS123 设计一个延时电路。要求选取适当的触发脉冲 TR，在其作用下，经 10 ms 产生一个脉宽为 1 ms 的正脉冲。

(2) 用 74LS123 设计一个频率为 1.4 kHz、可以一键启动、占空比可调的方波发生器。

三、实验原理

1. 单稳态触发器

单稳态触发器是一种波形变换电路，它具有以下特点：

(1) 电路有一个稳态、一个暂稳态。
(2) 在外来触发信号的作用下，电路由稳态翻转到暂稳态。
(3) 暂稳态维持时间的长短取决于 RC 参数值，而与触发信号无关。

单稳态触发器的这些特点被广泛应用于脉冲波形的变换与延时中。根据结构的不同，单稳态触发器可以使用门电路、专门集成电路芯片搭建；根据 RC 电路的不同接法又可分为微分型和积分型；根据电路及工作状态的不同，又可分为不可重复触发型和可重复触发型两种。

双可重复触发单稳态触发器 74LS123 内部包括 2 个独立的单稳态触发器，其引脚排列如图 3-3-1 所示。1$\overline{CLR}$、2$\overline{CLR}$ 为直接清除端，低电平有效。A、B 分别为负触发输入端和正触发输入端。Q、$\overline{Q}$ 分别为正、负脉冲输出端，C_{ext1}、C_{ext2} 为外接电容端。输出脉冲宽度 t_w 可由三种方式控制：

(1) 通过选择外定时元件 C_{ext} 和 R_T 值来确定，$t_w \approx 0.7 R_T C_{ext}$；
(2) 通过正、负触发输入端的重复触发延长脉宽；
(3) 通过清除端 $\overline{CLR}$ 使脉宽缩小。

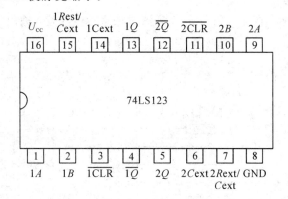

图 3-3-1 74LS123 引脚排列

74LS123 的逻辑功能如表 3-3-1 所示。

表 3-3-1　74LS123 的逻辑功能

输入			输出	
$\overline{CLR}$	A	B	Q	$\overline{Q}$
L	×	×	L	H
×	H	×	L	H
×	×	L	L	H
H	L	↑	⎍	⎎
H	↓	H	⎍	⎎
↑	L	H	⎍	⎎

2. 10 ms 延时电路

如图 3-3-2 所示，在输入信号 u_i 上升沿时电路发生触发，输出端 Q 输出正脉冲，脉宽 $t_w \approx 0.7RC \approx 10$ ms，可选取适当的电阻和电容值。

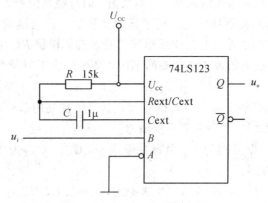

图 3-3-2　10 ms 延迟电路

3. 1 ms 延时电路

如图 3-3-3 所示，在输入信号 u_i 上升沿时电路发生触发，输出端 Q 输出正脉冲，脉宽 $t_w \approx 0.7RC \approx 1$ ms。

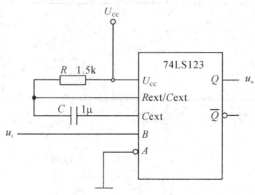

图 3-3-3　1 ms 延迟电路

采用两级单稳态电路,第一级输出一个 10 ms 的正脉冲,其下沿触发第二级单稳态电路,保证电路在接收 TR 信号 10 ms 后输出一个 1 ms 的正脉冲,其输入输出关系如图 3-3-4 所示。将两级电路级联也可以得到满足所需条件的任意脉冲波形。

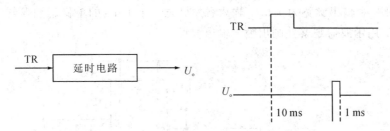

图 3-3-4　经 10 ms 产生 1 ms 脉冲延迟电路波形

四、电路调试要点

1. 按设计要求确定单稳态触发器的工作频率,选取合适的 TR 的频率。根据公式计算出 R、C 的值,选用合适的实际元器件进行电路连接,比较实际与理论设计的差异。

2. 在设计频率为 1.4 kHz、可一键启动、占空比可调的方波发生器时,可采用两级单稳态电路级联和反馈,并借助于拨动开关和可调电位器来实现。

五、设计报告要求

1. 分析设计要求,确定设计方案。
2. 根据设计方案进行电路设计,画出电路图,并简述所设计电路的工作原理。
3. 安装调试电路,整理实验图表和数据。
4. 分析讨论在电路设计和调试过程中出现的问题或故障。

3.4　555 定时器电路的设计

一、实验目的

1. 了解 555 定时器的电路结构及工作原理。
2. 掌握用 555 定时器构成单稳态电路、多谐振荡器和施密特触发器等。
3. 进一步熟悉用示波器测量脉冲幅度、周期和脉宽的方法。

二、预习与设计要求

1. 熟悉 555 定时器的逻辑功能。
2. 复习用 555 定时器构成施密特触发器的方法。
3. 设计要求:

(1) 用 555 定时器构成单稳态触发器,要求输出脉宽 $t_w = 1$ ms,选定 $C = 0.01$ μF。用双踪示波器同时观察输入、输出波形,并测出实际的脉宽 t_w。

（2）用 555 定时器构成占空比可调的多谐振荡器，各电阻、电位器的阻值均选用 10 kΩ，电容选用 0.1 μF。用示波器观察并记录输出波形（高低电平基本对称），测出实际的周期 T 和占空比 q_{max}、q_{min}。

（3）设计一个输出脉宽为 1 ms、输入触发脉宽大于 1 ms 的单稳态触发器（电路可参考图 3-4-1），用示波器观察并画出输入输出波形。

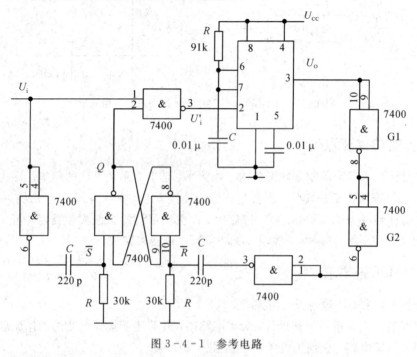

图 3-4-1 参考电路

三、实验原理

1. 555 定时器

555 定时器是模拟功能和数字逻辑功能相结合的一种中规模集成器件，只需外接少量阻容元件就可以构成单稳态、多谐和施密特触发器等，广泛用于信号的产生、变换、控制和检测。555 定时器的引脚排列如图 3-4-2 所示。

555 定时器内部结构包括：3 个阻值为 5 kΩ 的电阻组成的分压器，两个电压比较器，基本 RS 触发器，放电 BJTT 以及输出缓冲器。当 5 号管脚未外接电压时，555 定时器的功能如表 3-5-1 所示。

当 TH 电位 $>\dfrac{2}{3}U_{cc}$，TR 电位 $>\dfrac{1}{3}U_{cc}$ 时，OUT 输

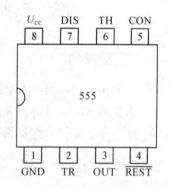

图 3-4-2 555 定时器的引脚排列

出端为 0；当 TH 电位 $<\dfrac{2}{3}U_{cc}$，TR 电位 $<\dfrac{1}{3}U_{cc}$ 时，OUT 输出端为 1；当 TH 电位 $<\dfrac{2}{3}U_{cc}$，TR 电位 $>\dfrac{1}{3}U_{cc}$ 时，OUT 输出端保持原来状态不变。

表 3-4-1 555 定时器的功能

输入			输出	
$\overline{REST}$	TH	TR	OUT	放电管
0	×	×	0	导通
1	0	0	1	截止
1	0	1	保持	保持
1	1	0	1	截止
1	1	1	0	导通

2. 用 555 定时器组成单稳态触发器

单稳态触发器只有一个稳态状态。在未加触发信号之前，触发器处于稳定状态，经触发后，触发器由稳定状态翻转为暂稳状态，暂稳状态保持一段时间后，又会自动翻转回原来的稳定状态。用 555 定时器组成单稳态触发器，R 和 C 是外接元件，负触发脉冲由 TR 端输入，电路如图 3-4-3(a)所示，对应的波形图如图 3-4-3(b)所示。

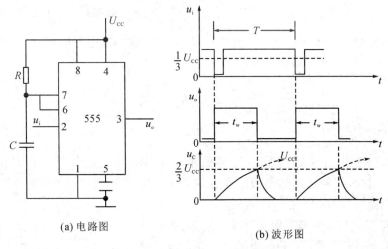

(a) 电路图　　　　　　(b) 波形图

图 3-4-3 单稳态触发器

接通电源后，未加负脉冲，U_{CC} 通过 R 对电容 C 充电，u_C 上升，当 $u_C = 2U_{CC}/3$ 时，C 快速放电，使 $u_C = 0$。这样，在加负脉冲前，输出为低电平，即 $u_o = 0$，这是电路的稳态。在 $t = t_1$ 时刻，u_i 负跳变（u_i 端电平小于 $U_{CC}/3$），而 $u_C = 0$（TH 端电平小于 $2U_{CC}/3$），所以输出 u_o 翻为高电平，u_C 充电，按指数规律上升。$t = t_2$ 时 u_C 上升到 $2U_{CC}/3$（此时 TH 端电平大于 $2U_{CC}/3$，TR 端电平大于 $U_{CC}/3$），u_o 又自动翻为低电平。在 t_w 这段时间电路处于暂稳态。$t > t_2$，C 快速放电，电路又恢复到稳态，输出正脉冲宽度 $t_w = 1.1RC$。

3. 用 555 定时器组成多谐振荡器

多谐振荡器又称为无稳态触发器，它没有稳定的输出状态，只有两个暂稳态。在电路处于某一暂稳态后，经过一段时间可以自行触发翻转到另一暂稳态，两个暂稳态自行相互转换而输出一系列矩形波。多谐振荡器可用作方波发生器。555 定时器组成的多谐振荡器如图 3-4-4(a)所示，相应的波形图如图 3-4-4(b)所示。

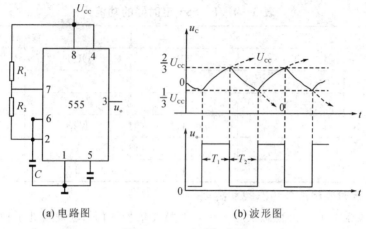

(a) 电路图   (b) 波形图

图 3-4-4 多谐振荡器

多谐振荡器由 555 定时器和外接元件 R_1、R_2、C 构成。电路没有稳态,仅存在两个暂稳态,电路也不需要外接触发信号,利用电源通过 R_1、R_2 向 C 充电,以及 C 通过 R_2 向电源放电,使电路产生振荡。电容 C 在 $\frac{2}{3}U_{CC}$ 和 $\frac{1}{3}U_{CC}$ 之间充电和放电,从而在输出端得到一系列的矩形波。输出高电平时间 $T_1=(R_1+R_2)C\ln 2$,输出低电平时间 $T_2=R_2 C\ln 2$,振荡周期 $T=(R_1+2R_2)C\ln 2$,输出方波的占空比为

$$q = \frac{T_1}{T} = \frac{R_1+R_2}{R_1+2R_2}$$

四、电路调试要点

1. 用 555 芯片构成施密特触发器的电路如图 3-4-5 所示。输入信号选用三角波或正弦波,输出为方波。用此电路可检测 555 芯片的功能。

2. 用 555 芯片构成单稳态触发器时,电路对输入触发脉冲的宽度有一定要求,它必须小于 t_w。如果输入触发脉冲宽度大于 t_w 时,应在 u_i 输入端加入微分电路。

3. 用 555 芯片构成占空比可变的多谐振荡器,电路利用二极管的单向导电特性将电容充放电回路分开,通过电位器可以调节输出方波占空比。用示波器观察并记录输出波形,测出实际的周期 T、占空比 q_{max}、q_{min}。注意与振荡周期和占空比改变有关的因数。

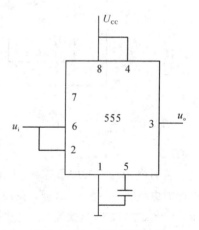

图 3-4-5 555 芯片构成施密特触发器

五、设计报告要求

1. 分析设计要求,确定设计方案。
2. 根据设计方案进行电路设计,画出电路图,并简述所设计电路的工作原理。
3. 安装调试电路,整理实验图表和数据,波形图须注意相位对齐。
4. 分析讨论在电路设计和调试过程中出现的问题或故障。

3.5 计数脉冲信号发生器的设计

一、实验目的

1. 了解基本 RS 触发器的逻辑功能及其应用。
2. 了解十进制计数器的逻辑功能,掌握计数器的设计方法。
3. 了解 D 触发器的逻辑功能,掌握时序电路的设计方法。

二、预习与设计要求

1. 熟悉 74LS279 的逻辑功能及其管脚排列,掌握集成 RS 触发器或用与非门构成基本 RS 触发器的方法。
2. 熟悉 74LS90 的逻辑功能及其管脚排列,掌握用集成计数器设计任意进制计数器的方法。
3. 熟悉 74LS74 的逻辑功能及其管脚排列,掌握用 D 触发器设计计数型电路的方法。
4. 设计要求:用一个十进制计数器、一个 D 触发器、一个基本 RS 触发器和若干个与非门设计一个计数脉冲信号发生器电路。要求电路每接收一次控制信号,就在 D 触发器的输出端输出五个完整的连续脉冲。

三、实验原理

计数脉冲信号发生器电路中通过基本 RS 触发器接收启动信号。基本 RS 触发器可由两个与非门交叉连接而成,如图 3-5-1(a)所示,有直接复位端($\overline{R}$)和直接置位端($\overline{S}$)两个输入端,逻辑状态相反的 Q 和 $\overline{Q}$ 两个输出端。输入信号低电平有效,正常工作时不允许同时为低电平。RS 触发器真值表如图 3-5-1(b)所示。TTL 集成 RS 触发器 74LS279 是 4 个基本 RS 触发器,其管脚排列如图 3-5-1(c)所示。

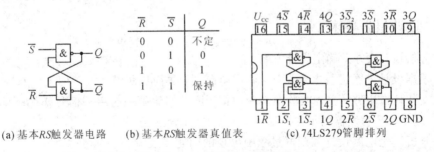

(a) 基本RS触发器电路　(b) 基本RS触发器真值表　(c) 74LS279管脚排列

图 3-5-1　基本 RS 触发器

基本 RS 触发器的输出端 Q 与 D 触发器的复位端 $\overline{R_D}$ 相连。基本 RS 触发器接收启动信号,当启动信号为负脉冲时,其输出端 $Q=1$,即使 D 触发器的复位端 $\overline{R_D}=1$,随时钟脉冲 D 触发器输出连续脉冲。当 D 触发器连续输出了五个脉冲后,基本 RS 触发器接收到复位信号使其输出端 $Q=0$,则 D 触发器不再输出连续脉冲。基本触发器在整个电路中起着开启控制作用。

将 TTL 维持阻塞 D 触发器 74LS74 连接成计数型电路，用于输出连续脉冲。D 触发器工作时，$\overline{S_D}$ 和 $\overline{R_D}$ 均为高电平。在设计电路时，为了能够在启动信号后，D 触发器输出连续五个脉冲，则 D 触发器的时钟脉冲信号应小于启动信号的周期。

将集成计数器 74LS90 连接成五进制计数器，在整个脉冲发生器电路中起计数作用。当得到五个连续脉冲之后，计数器清零，并给基本 RS 触发器复位端一个复位信号，用于控制 D 触发器停止输出脉冲。

四、电路调试要点

计数脉冲信号发生器电路可使用一次信号启动或连续脉冲信号启动。用连续脉冲信号启动时可设置脉冲频率为 50 Hz，占空比为 70%，相应的 D 触发器的时钟信号可为 1 kHz，通过示波器观察输出脉冲情况。根据实际硬件情况，为便于用 LED 指示灯或数码管观察计数器的计数状态，可调整启动信号和 D 触发器的时钟信号的频率。改变计数器的计数长度，可使 D 触发器输出 0~9 之间任意完整的连续脉冲。计数脉冲信号发生器的电路框图如图 3-5-2 所示。

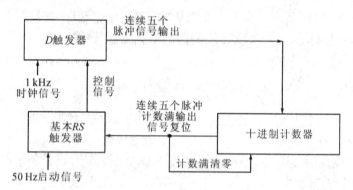

图 3-5-2 计数脉冲信号发生器的电路框图

五、设计报告要求

1. 分析设计要求，确定设计方案。
2. 根据设计方案进行电路设计，画出电路图，并简述所设计电路的工作原理。
3. 安装调试电路，整理实验图表和数据，记录实验中一次启动信号作用下 D 触发器、计数器、基本 RS 触发器的工作波形。
4. 分析讨论电路设计和调试过程中出现的问题或故障。

3.6 机床自动进给量模拟控制电路的设计

一、实验目的

1. 了解可逆计数器 74LS190 的逻辑功能。
2. 掌握时序电路的综合设计方法。

二、预习和设计要求

1. 熟悉 555 定时器的逻辑功能,掌握多谐振荡器的工作原理。
2. 熟悉基本 RS 触发器的逻辑功能。
3. 熟悉 4 选 1 数据选择器 74LS153 的逻辑功能。
4. 了解可逆计数器 74LS190 的逻辑功能。
5. 设计要求:机床自动进给量模拟控制电路用 555 定时器构成多谐振荡器,输出频率为 1 Hz 方波信号,作为计数器的基准脉冲信号。用可逆计数器累计机床进给量(进刀量和退刀量),控制电路部分通过数据选择器选择 3、5、7、9 四种不同量程的进给量。例如机床进给量选择为 3,控制部分接收启动信号后,计数器开始工作,连续完成加法计数 3 秒(进给量)和减法计数 3 秒(退刀量),然后控制电路接收计数结束信号,计数器则停止工作。

三、实验原理

机床在加工零件时,机刀在零件上向前推进一段距离,然后再退回同样的距离。机床进退刀的距离在一定范围内能任意设定,距离设定后启动电路做进刀运动,到达设定距离后自动退刀到起始点停止工作,等待下一次启动信号。

机床进给量用时间来模拟表示,用可逆计数器的加减过程模拟控制一个执行机构。当可逆计数器做加法运算时,该执行机构驱动机床做进刀运动,反之当可逆计数器做减法运算时,机床做退刀运动。由数码管显示机床模拟控制电路的工作情况,其电路框图如图 3-6-1 所示。

控制电路由三个部分组成:基本 RS 触发器(1)、基本 RS 触发器(2)和由与非门构成的组合电路。基本 RS 触发器(1)的输出 Q(1)控制计数器正常工作或停止工作。基本 RS 触发器(2)的输出 Q(2)控制计数器做加减法计数。用不同的计数长度来模拟机床的四种不同进给量"3"、"5"、"7"、"9",每选定一种进给量,计数器就按此进给量计数,采用 4 选 1 数据选择器 74LS153 实现对四种不同计数长度的选择。组合电路产生的四种不同计数长度的信号作为数据选择器的输入信号,数据选择控制端 00、01、10、11 四种组合状态分别表示选择四种不同计数长度。当选定某一种组合状态,就从四个输入中选一个输入作为当前的计数长度输出,并反馈到基本 RS 触发器(2)的输入端,来控制计数器进行相应的计数操作。数据选择器的逻辑图如图 3-6-2 所示。

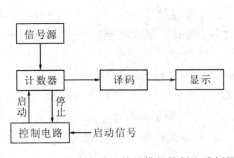

图 3-6-1 机床自动进给量模拟控制电路框图

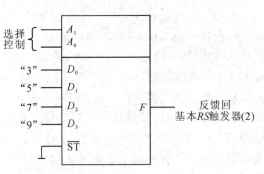

图 3-6-2 数据选择器的逻辑图

信号源用 555 定时器构成多谐振荡器，产生 1 Hz 的矩形波脉冲信号，作为可逆计数器的基准脉冲信号，即电路的工作周期 $T=1$ s，如图 3-6-3 所示。由于多谐振荡器的充电回路和放电回路的时间常数不相等，充电时间 $T_1=0.7(R_1+R_2)C$，放电时间 $T_2=0.7R_2C$，则周期为 $T=T_1+T_2=0.7(R_1+2R_2)C$。可取 $R_1=R_2=10$ kΩ，计算合适的电容 C 值来满足电路设计的要求。

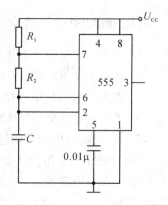

图 3-6-3 多谐振荡器电路

用可逆计数器 74LS190 模拟机床的进退刀操作。74LS190 为可预置的十进制同步加/减计数器，引脚排列和逻辑功能表如图 3-6-4 所示。74LS190 的预置是异步的，当置入控制端 $\overline{LD}$ 为低电平时，不管时钟脉冲 CP 的状态如何，输出端 $Q_0 \sim Q_3$ 即可预置成与数据输入端 $D_0 \sim D_3$ 相一致的状态。74LS190 的计数功能是同步的，通过时钟脉冲 CP 来实现。当计数控制端 $\overline{CT}$ 为低电平时，在 CP 上升沿的作用下 $Q_0 \sim Q_3$ 变化。当计数方式控制端 $\overline{U}/D$ 为低电平时进行加法计数，当 $\overline{U}/D$ 为高电平时进行减法计数。74LS190 有超前进位功能，当计数上溢或下溢时，进位/错位输出端 CO/BO 输出一个宽度为 CP 脉冲周期的高电平脉冲，行波时钟输出端 $\overline{RC}$ 输出一个宽度为 CP 脉冲周期的低电平脉冲。利用 $\overline{RC}$ 端可级联成 N 位同步计数器，当采用并行 CP 控制时，则 $\overline{RC}$ 接到后一级的 $\overline{CT}$，当采用并行 $\overline{CT}$ 控制时，则将 $\overline{RC}$ 接到后一级的 CP。

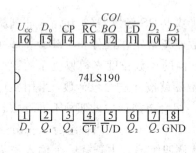

输入								输出			
$\overline{LD}$	$\overline{CT}$	$\overline{U}/D$	CP	D_3	D_2	D_1	D_0	Q_3	Q_2	Q_1	Q_0
0	×	×	×	d_3	d_2	d_1	d_0	d_3	d_2	d_1	d_0
1	0	0	↑	×	×	×	×	加法计数			
1	0	1	↑	×	×	×	×	减法计数			
1	1	×	×	×	×	×	×	保持			

(a) 74LS190引脚排列　　　　　(b) 逻辑功能表

图 3-6-4　74LS190 引脚排列和逻辑功能表

在模拟机床电路中，当可逆计数器的计数控制端 $\overline{CT}=0$ 时，计数器正常工作，$\overline{CT}=1$ 时，计数器停止工作。$\overline{CT}$ 端接收基本 RS 触发器(1)的控制信号。启动信号作用时，Q(1)置"0"，计数器开始正常计数工作，完成一个计数过程，即计数器减法至零，进位/借位输出端 CO/BO 的信号使 Q(1)置"1"，计数器停止工作。计数方式控制端 $\overline{U}/D=0$ 时，计数器做加法计数，即进刀操作，当 $\overline{U}/D=1$ 时，计数器做减法计数，即退刀操作。$\overline{U}/D$ 接收基本 RS 触发器(2)的控制信号。启动信号作用时，Q(2)置"0"，计数器做加法计数，当组合电路反馈信号 F 到来，Q(2)置"1"，计数器做减法计数。计数器的计数脉冲 CP 取自于多谐振荡器的输出。计数器的数据输入端可以预置数，本实验设计要求预置数为零。74LS190 计数器逻辑图如图 3-6-5 所示。

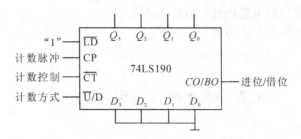

图 3-6-5　74LS190 计数器逻辑图

机床模拟的进给量显示可选用发光二极管、带驱动的集成译码器和数码管作为显示装置，观察计数过程，即进退刀模拟。实验参考电路示意图如图 3-6-6 所示。

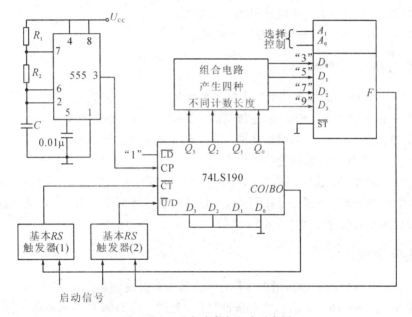

图 3-6-6　实验参考电路示意图

四、电路调试要点

1. 根据机床自动进给量模拟控制电路的设计要求，在多谐振荡电路中选取合适的电容 C 值，产生四种不同计数长度的组合电路可用适量的与非门实现。基本 RS 触发器的两个输入端不可同时为"0"，在启动信号、反馈信号 CO/BO 和 F 接入基本 RS 触发器时注意输入端的选取和高低电平的设置。

2. 由于需使用较多的集成芯片，在电路连接前，须对所使用到的集成芯片进行功能检测。在电路调试中，可将电路分成几部分进行测试，各部分测试成功后再进行组合连接，以便于找到出错点。

五、设计报告要求

1. 分析设计要求，确定设计方案。

2. 根据设计方案进行电路设计，画出电路图。
3. 简述所设计电路的工作原理。
4. 分析讨论在电路设计和调试过程中出现的问题或故障。

3.7 倒计时报警电路的设计

一、实验目的

1. 掌握用 555 定时器构成多谐振荡器的工作原理。
2. 掌握可逆计数器 74LS190 加减计数的工作原理。
3. 掌握单稳态 74LS123 定时延迟的工作原理。
4. 掌握 74LS48 和七段数码管的工作原理。

二、预习和设计要求

1. 了解 555 定时器的逻辑功能，掌握多谐振荡器的工作原理。
2. 了解可逆计数器 74LS190 的逻辑功能，掌握加减计数的工作原理。
3. 了解单稳态 74LS123 的逻辑功能，掌握定时延迟的工作原理。
4. 了解 7LS49 和七段数码管的工作原理。
5. 设计要求：由 555 定时器构成 1Hz 秒发生器。按下开始键后，74LS190 构成的减法计数器开始 8 秒倒计时，并通过 74LS48 和七段数码管进行驱动显示，计数结束后蜂鸣器鸣响报警两秒后停止，鸣响时间由 74LS123 控制。

三、实验原理

采用 555 定时器构成一个多谐振荡器，并使其输出振荡频率为 1 Hz，为后续 74LS190 计数电路提供 1 s 一次的上升沿。设置按键开关，通过 74LS190 的置入控制端进行置数 8，即 4 个数据输入端分别为 1、0、0、0。将 74LS190 的计数方式控制端设置成减法计数器。74LS190 的四位输出端经过组合门电路构成的控制电路在输出为 0、0、0、0 时，控制 74LS190 的计数控制端，使其状态从"0"跳变为"1"，从而使 74LS190 减计数减为零时，保持在零计数状态，即停止计数工作。74LS190 的四位输出通过 74LS49 以及七段数码管构成的数码显示电路进行数字显示，所以当开始键按下后，数码显示 8，并以 1 s 速度倒计时到 0 并保持 0。计数结束后，计数器产生一个上升沿时钟信号，由此时钟触发 74LS123 使其发出 2 s 的高电平脉冲，并通过此 2 s 的高电平脉冲控制蜂鸣器报警。倒计时报警电路示意图如图 3 - 7 - 1 所示。

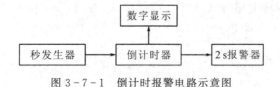

图 3 - 7 - 1　倒计时报警电路示意图

四、电路调试要点

1. 由 555 构成的秒发生器(1 s)即为输出频率为 1 Hz 的多谐振荡器，根据多谐振荡器的周期计算公式计算电阻和电容值，选择合适的实际元器件实现电路。

2. 由 74LS190 构成减法计数器。先需进行异步置数控制，置数控制端高电平有效；计数方式控制端为减法，即应置"1"；由于计数器计数结束后需保持零状态，计数控制端在零计数时状态应从"0"跳变成"1"，则需通过组合门电路进行控制。选定恰当的信号端在计数器计数结束后产生一个上升沿时钟信号。

3. 由 74LS123 以及蜂鸣器构成报警电路。由于单稳态触发器 74LS123 要求接收的是一个上升沿时钟信号，应注意触发器的正、负输入端的选用。根据单稳态触发器构成的延迟电路的周期公式计算电阻和电容值，选择合适的实际元器件实现电路。

五、设计报告要求

1. 分析设计要求，确定设计方案。
2. 根据设计方案进行电路设计，画出电路图。
3. 简述所设计电路的工作原理。
4. 分析讨论在电路设计和调试过程中出现的问题或故障。

3.8 D/A、A/D 转换电路的设计

一、实验目的

1. 了解 D/A 和 A/D 转换器的基本工作原理。
2. 掌握 D/A 和 A/D 转换器的功能及使用方法。

二、预习与设计要求

1. 复习 A/D 和 D/A 转换的工作原理。
2. 以 8 位 D/A 转换器(DAC0832)为核心，配以相应的器件，设计一个用来测量直流电压的电路。
3. 设计一个用计数器、D/A 转换器以及低通滤波组成的三角波发生器电路。
4. 用 A/D 转换器 ADC0809 配以相应器件，设计一个能将三路直流电压转换为数字量的电路，转换结果用逻辑电平显示。
5. 查找手册，熟悉实验中用到的各集成芯片的管脚排列及逻辑功能。
6. 分析实验电路的工作原理，绘好完整的实验线路图和所需要的数据表格，列出详细的调试步骤。

三、实验原理

在数字电子技术中，模拟量和数字量互相转换的应用场合是很多的，将数字量转换为

模拟量的装置称为数模转换器，简称为 D/A 转换器或 DAC，将模拟量转换为数字量的装置称为模数转换器，简称为 A/D 转换器或 ADC。完成数模和模数转换的集成电路有很多，使用者根据手册提供的器件性能指标及典型应用电路，就可以设计出自己需要的电路。下面介绍本实验中将采用的集成 D/A 转换器 DAC0832 和 A/D 转换器 ADC0809。

1. D/A 转换器 DAC0832

DAC0832 是一个分辨率为 8 位的乘法型 D/A 转换器，内部带有两级缓冲器，因此它能方便地用于多个 D/A 转换器并行工作的场合，其内部结构和引脚排列如图 3-8-1 所示。

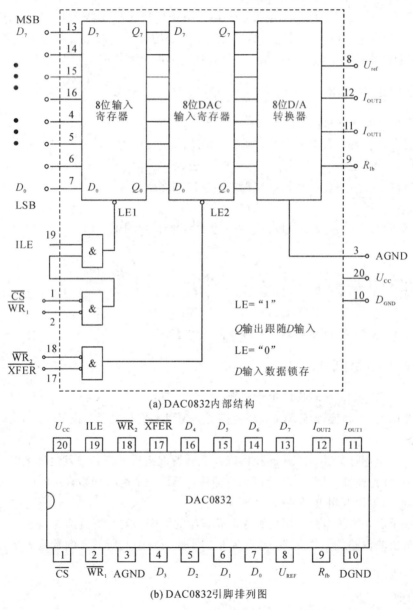

图 3-8-1　DAC0832 内部结构和引脚排列图

图中有两个独立的数据寄存器,即输入寄存器和 D/A 寄存器,因此具有双缓冲功能。从图上可以看出,ILE(输入锁存允许)、CS(片选)和 $\overline{WR}_1$(写信号 1) 三个信号控制一级缓冲,$\overline{WR}_2$(写信号 2)和 $\overline{XFER}$(传递控制)两个信号控制二级缓冲,因此 DAC0832 在这几个信号不同组合的控制下,可以实现单缓冲、双缓冲和直通三种工作状态。

核心单元 D/A 转换部分采用 T 型电阻网络的 8 位 D/A 转换器,如图 3-8-2 所示。它由 R-2R 电阻网络、模拟开关、运算放大器和参考电压 U_{REF} 四部分组成。

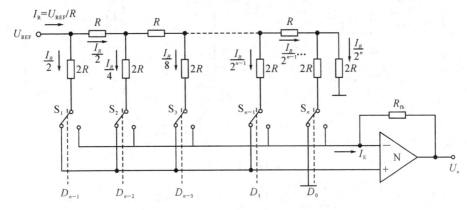

图 3-8-2 T 型电阻网络 D/A 转换器

运放的输出电压为

$$U_o = \frac{U_{REF} R_{fb}}{2^n R}(2^{n-1}D_{n-1} + 2^{n-2}D_{n-2} + \cdots + 2^0 D_0)$$

DAC0832 各引脚的功能如下:

(1) $D_{I0} \sim D_{I7}$:数据输入线,TTL 电平。
(2) ILE:数据锁存允许控制信号输入线,高电平有效。
(3) $\overline{CS}$:片选信号输入线,低电平有效。
(4) $\overline{WR}_1$:为输入寄存器的写选通信号。
(5) $\overline{XFER}$:数据传送控制信号输入线,低电平有效。
(6) $\overline{WR}_2$:为 DAC 寄存器写选通输入线。
(7) I_{out1}:电流输出线 1。当输入全为 1 时,I_{out1} 最大。
(8) I_{out2}:电流输出线 2。当输入全为 1 时,I_{out2} 最小,其值与 I_{out1} 之和为一常数。
(9) R_{fb}:反馈信号输入线,芯片内部有反馈电阻。
(10) U_{CC}:芯片电源,其值为 +5~+15 V。
(11) U_{REF}:基准电压输入线,其值为 -10~+10 V。
(12) AGND:模拟地,模拟信号和基准电源的参考地。
(13) DGND:数字地,工作电源和数字逻辑地,两种地线在基准电源处一点共地比较恰当。

2. A/D 转换器 ADC0809

A/D 转换器种类很多,按转换原理可分为计数器式 A/D、逐次逼近式 A/D、双积分式 A/D、并行 A/D 等多种。ADC0809 是一种 8 路模拟输入的 8 位逐次逼近式 A/D 转换器,其内部结构和引脚排列如图 3-8-3 所示。

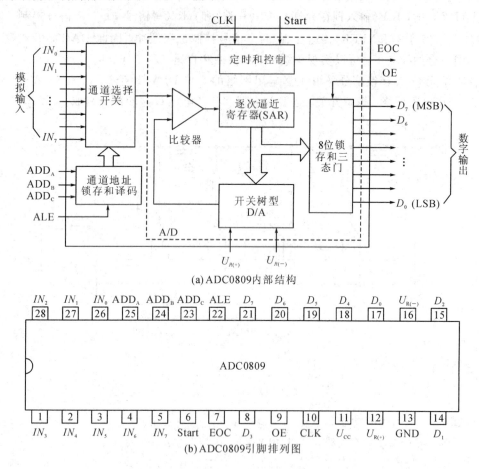

图 3-8-3　ADC0809 内部结构和引脚排列图

ADC0809 各引脚功能如下：

(1) $IN_0 \sim IN_7$：8 路模拟输入，通过 3 根地址译码线 ADD_A、ADD_B、ADD_C 来选通一路。

(2) $D_7 \sim D_0$：A/D 转换后的数据输出端，为三态可控输出，可直接和微处理器数据线连接。8 位排列顺序是 D_7 为最高位，D_0 为最低位。

(3) ADD_A、ADD_B、ADD_C：模拟通道选择地址信号，ADD_A 为低位，ADD_C 为高位，其 8 位编码分别对应 $IN_0 \sim IN_7$。

(4) $U_{R(+)}$、$U_{R(-)}$：正、负参考电压输入端，用于提供片内 DAC 电阻网络的基准电压。

(5) ALE：地址锁存允许信号，对应 ALE 上跳沿，ADD_A、ADD_B、ADD_C 地址状态送入地址锁存器中。

(6) Start：A/D 转换启动信号，正脉冲有效。加在该端的脉冲信号的上升沿使电路逐次逼近寄存器清零，下降沿开始 A/D 转换。

(7) EOC：转换结束信号。EOC=0 时，ADC0809 正在进行 A/D 转换，EOC=1 时，

A/D 转换结束。

(8) CLK：时钟信号，ADC0809 的内部没有时钟电路，由外部提供。

(9) OE：输出允许信号，高电平有效。

(10) U_{CC}：芯片工作电压。

四、电路调试要点

1. 以 8 位 D/A 转换器(DAC0832)为核心，配以相应器件，设计一个用来测量直流电压的电路。

(1) 参考电路如图 3-8-4 所示。

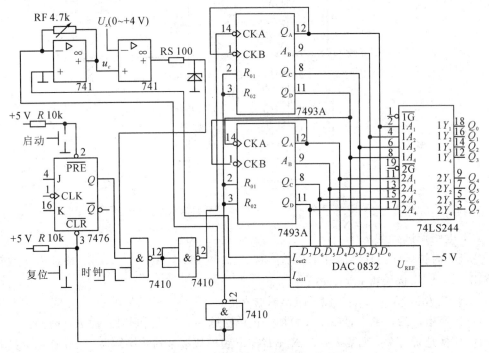

图 3-8-4 DAC0832 实验线路图

(2) 电路调试要点。

① 调整 RF 值，当 $D_7 \sim D_0$ 为全"1"时，$u_c = 4$ V。

② 改变 U_x 值，使其分别为 0 V、1 V、2 V、4 V，测试并记录计数的状态，计算 U_x 并与理论值作比较。

2. 用 DAC0832 构成三角发生器。设计一个用计数器、D/A 转换器以及低通滤波组成的三角波发生器电路。

(1) 设计思路提示：把计数脉冲送到可逆计数器(例如 74LS190/74LS191)进行计数，先加法计数，后减法计数，计数器周期运行增减计数模式，计数器的输出接 D/A 转换器的输入端，D/A 转换器的输出为周期阶梯式的电压波形，再经过低通滤波器输出三角波。

(2) 按要求设计出实际电路，安装调试好电路后，加入脉冲信号，用示波器观察输出波形,并记录波形。

3. 用 A/D 转换器 ADC0809 配以相应器件,设计一个能将三路直流电压转换为数字量的电路,转换结果用逻辑电平显示。

(1) 参考电路如图 3-8-5 所示。

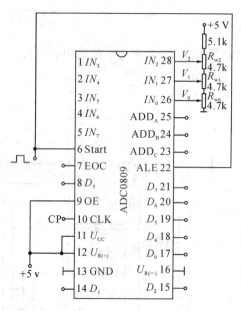

图 3-8-5 ADC0809 实验线路图

(2) 电路调试要点。

① CP 时钟脉冲由连续脉冲源提供,取 $f=100$ kHz,$ADD_A \sim ADD_B$ 地址端接逻辑电平输出,$D_0 \sim D_7$ 接逻辑电平显示。

② 调整 R_{W0}、R_{W1}、R_{W2},使三路模拟输入信号 V_0、V_1、V_2 在 $0 \sim 3$ V 之间。

③ 接通电源后,在启动端(Start)加一正单次脉冲,下降沿到时启动 A/D 转换。

④ 切换地址开关,观察 IN_0、IN_1、IN_2 三路模拟信号的转换结果,将转换结果换算成十进制数表示的电压,并与数字电压表实测的各路输入电压值进行比较,计算误差。

五、设计报告要求

1. 分析任务,确定设计方案。

2. 分析电路工作原理,给出电路设计参数,画出总体电路图。

3. 设计电路测试方案,根据测试结果整理数据,列出数据表格,对数据误差进行分析,有波形输出的电路记录输出波形。

4. 对实验过程中出现的问题,分析其产生的原因及解决办法。

第4章 数字电子技术软件仿真实验

4.1 Multisim 软件的介绍与使用

4.1.1 Multisim 软件的介绍

Multisim 软件是美国国家仪器(NI)公司推出的以 Windows 为基础的板级模拟/数字电路设计、电路功能测试的虚拟仿真软件,是 EWB(Electronics Workbench 虚拟电子工作台)的升级版。软件包含电路仿真设计模块 Multisim、PCB 设计软件模块 Ultiboard、布线引擎模块 Ultiroute 以及通信分析与设计模块 Commism 四个部分,完成从电路仿真设计到电路版图生成的全过程,具有丰富的仿真分析能力。为了适应各种不同的应用需要,Multisim 推出了许多版本,用户可以根据自己的需要加以选择。

Multisim 软件有多种虚拟电工电子元器件、虚拟电工电子仪器和仪表可供选用,虚拟元件的参数可以根据需求更改,且操作方便。Multisim 软件可以对数字、模拟电路进行仿真,电路分析能力也较为详细,可以完成电路的暂态和稳态分析、时域和频域分析、线性和非线性分析等多种常用的电路仿真分析,仿真结果直观。这些分析方法基本能满足一般电子电路的分析和设计要求。

Multisim 软件仿真实验可以克服实验室各种条件的限制,设计与实验可以同步进行,可以边实验、边修改、边调试,也可直接打印输出实验数据、测试参数、电路图。实验中不消耗任何实际元器件,且实验元器件的种类和数量也不受实际情况的限制。因此,使用 Multisim 软件仿真实验,具有实验成本低、速度快、效率高等优点。Multisim 软件也可以针对不同的实验目的,例如验证、测试、设计、纠错等能力进行训练,与传统的实验方式相比,采用该软件进行电子电路设计分析突出了实践教学以学生为中心的开放模式。软件易学易用,学生易于自学,便于开展综合性的设计和实验,有利于培养综合分析能力、开发应用和创新能力。

4.1.2 Multisim 软件的使用

Multisim 软件以图形界面为主,采用菜单、工具栏和热键相结合的方式,具有一般 Windows 应用软件的界面风格,用户可以根据需求使用。

1. Multisim 主窗口界面

启动 Multisim 软件,出现如图 4-1-1 所示的主窗口界面。

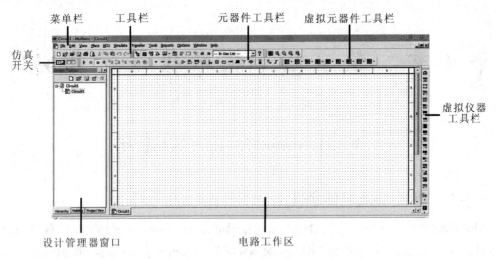

图 4-1-1　Multisim 主窗口界面

1) 菜单栏

如图 4-1-2 所示，菜单栏提供了该软件的功能命令，与大多数 Windows 平台上的应用软件类似，都有功能选项，每个菜单均有下级菜单选项可选择各种操作命令。

图 4-1-2　菜单栏

(1) File 文件菜单，提供文件操作命令，如打开、保存、打印等。

(2) Edit 编辑菜单，提供电路图编辑操作命令，如剪切、粘贴、旋转等。

(3) View 窗口显示菜单，提供用于控制界面工具栏显示内容的操作命令，如全屏、放大电路图等。

(4) Place 放置菜单，提供在电路工作区内放置元件、连接点、总线等命令。

(5) Simulate 仿真菜单，提供电路仿真操作命令。

(6) Transfer 文件输出菜单，提供对其他 EDA 软件需要的文件格式输出。

(7) Tools 工具菜单，提供元件和电路编辑管理命令。

(8) Reports 报告菜单，提供材料清单报告。

(9) Options 选项菜单，提供界面和运行环境的设定和设置命令。

(10) Window 窗口菜单，提供窗口操作命令。

(11) Help 帮助菜单，为用户提供在线技术帮助和使用说明。

2) 工具栏

如图 4-1-3 所示，工具栏包含有关电路窗口基本操作的标准工具栏、主工具栏、视图工具栏按钮。

图 4-1-3　工具栏

3) 元器件工具栏

如图 4-1-4 所示，Multisim 元器件工具栏以库的形式管理元器件，单击每个元器件按钮，可以打开元器件库的相应类别。

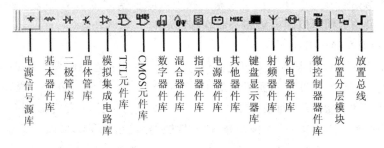

图 4-1-4　元器件工具栏

4) 虚拟仪器工具栏

如图 4-1-5 所示，虚拟仪器工具栏通常位于电路窗口的右边，也可将其拖至菜单栏下方。使用时，只需单击仪器仪表按钮将其拖到电路工作区，即可在电路中使用。

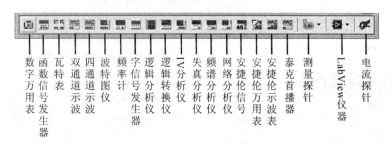

图 4-1-5　虚拟仪器工具栏

5) 仿真开关

如图 4-1-6 所示，仿真开关有两处，功能相同，用于仿真过程的启动、停止、暂停、恢复。

图 4-1-6　仿真开关

6) 设计管理窗口

设计管理窗口用于对电路原理设计图、PCB 图、相关文件、电路的各种统计报告等进行分类管理。利用 View→Design ToolBar，可以打开或关闭该窗口。

7) 电路工作区

电路工作区是设计者创建、设计、编辑电路图和进行仿真分析、显示波形的区域。

2. 虚拟仪器的使用

对电路进行仿真运行，通过分析运行结果，判断设计是否正确合理，需要测试仪器仪表来显示。Multisim 软件提供了大量用于仿真电路测试和研究的虚拟仪器，这些仪器的操作、使用、设置、连接和观测与真实仪器几乎完全相同。

选用和连接仪器时,可用鼠标从仪器库中将所选用的仪器图标拖放到电路工作区,并将仪器图标上的连接端与相应电路的连接点相连。通过双击仪器图标打开仪器参数设置对话框对仪器参数进行设置。仿真测量观察过程中可以根据测量结果改变参数设置,重新连接仪器端,显示的数据可以随电路图一起保存。

1) 数字万用表(Multimeter)

数字万用表是一种用来测量交直流电压、交直流电流、电阻以及分贝的自动调整量程的数字显示的多用表,其图标和面板如图4-1-7(a)、(b)所示。将仪表拖动到电路图中,再双击图标即可显示面板。面板上的"~"、"—"按钮用于选择交直流测量,"A"、"V"、"Ω"按钮用于选择电流、电压、电阻测量,"dB"按钮则表示测量结果以分贝显示。选择"set…"按钮可对数字万用表的内部参数进行设置,参数设置对话框如图4-1-7(c)所示。

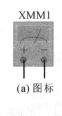

(a) 图标

(b) 面板

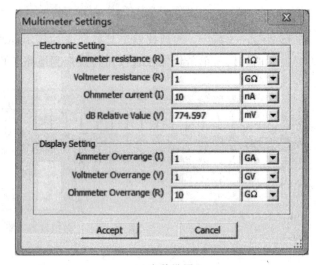

(c) 参数设置

图4-1-7 数字万用表图标、面板和参数设置对话框

2) 函数信号发生器(Function Generator)

函数信号发生器是一种产生正弦波、三角波及方波的信号源,其图标和面板如图4-1-8所示。连接图标上的"+"和"Common"端,输出信号为正极性信号;连接"—"和"Common"端,输出信号为负极性信号;连接"+"和"—"端,输出信号为双极性信号;同时连接"+"、"Common"和"—"端,"Common"端接公共地,则输出两个幅值相等、极性相反的信号。在面板上可设置信号的频率、占空比、峰值和偏置电压。

3) 示波器(Oscilloscope)

示波器是用于观察信号波形并测量信号幅度、频率及周期等参数的仪器,是电子实验中使用最为频繁的仪器之一,其图标和面板如图4-1-9所示。

图标上有A、B两个通道端,一个G接地端和一个T外触发端。A、B两个通道端分别用一根导线与被测点相连接,测量的是该点与地之间的电压波形。测量时,接地端G一般要接地,当电路中已有接地符号时,也可不接地,这和实际的示波器是不同的。

第 4 章 数字电子技术软件仿真实验

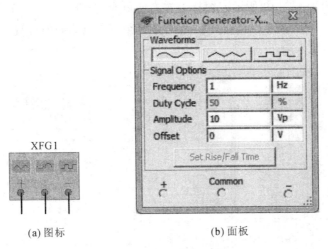

图 4-1-8 函数信号发生器图标和面板

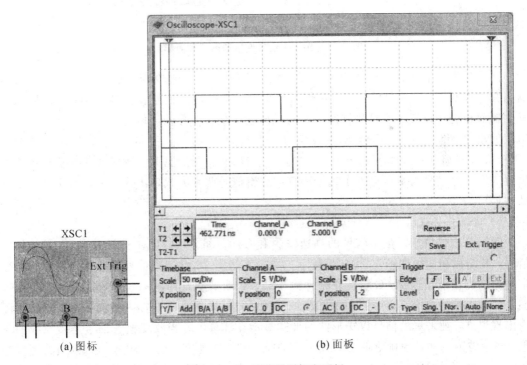

图 4-1-9 示波器图标和面板

示波器面板主要由显示屏、游标测量参数显示区、Timebase 区、ChannelA 区、ChannelB 区和 Trigger 区组成。面板上各按键的作用、调整及参数的设置与实际的示波器类似，如 "Reverse"按钮，可改变示波器屏幕的背景颜色；"Save"按钮，可按 ASCII 码格式存储波形读数。另外，Multisim 软件还有四通道示波器，其使用方法与二通道示波器相似。

4) 字信号发生器(Word Generator)

字信号发生器是一个可编辑逻辑信号的测试信号源，用于对数字逻辑电路进行测试，其图标和面板如图 4-1-10 所示。图标上左右两侧有 0~31 共 32 个输出端,0~15 为低 16 位输出端,16~31 为高 16 位输出端,均可连接至测试电路的输入端。R 为备用信号端,T 为外部触发信号输入端。

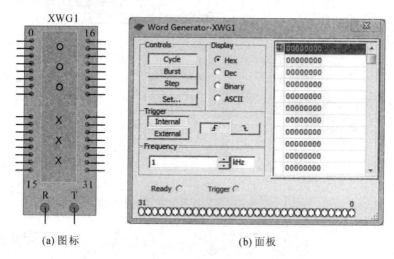

(a) 图标　　　　　　　　　　　　(b) 面板

图 4-1-10　字信号发生器图标和面板

字信号发生器面板上有输出方式设置区、字信号显示方式设置区、触发方式选择区、输出频率设置区、字信号编辑区、字信号输出区。在使用字信号发生器之前,先对字信号发生器面板进行设置。字信号按照一定的规律逐行从字信号输出端送出,同时面板上各输出端的小圆圈内实时显示输出字信号的各个位(bit)的值。字信号的输出方式有单步(Step)、单帧(Burst)、循环(Cycle)三种方式,单帧和循环情况下的输出频率由输出频率的设置决定。字信号编辑区有人工编辑和自动编辑信号两种方式,其操作步骤参阅软件的帮助文档。

5) 逻辑分析仪(Logic Analyzer)

逻辑分析仪用于对数字信号的高速采集和时序分析,可以同步记录和显示 16 位数字信号,其图标和面板如图 4-1-11 所示。图标左边有 16 个逻辑信号输入端,使用时与数字电路的测量点相连接,C 端是外时钟输入端,T 端是触发控制端,Q 端是时钟控制输入端。面板上最左侧有 16 个小圆圈代表 16 个输入端,如果某个端接入被测信号,则该圆圈内出现黑点,被采集的信号以矩形波的形式显示在屏幕上。当改变输入信号连接导线的颜色,显示波形的颜色也随之改变。面板上的"Stop"按钮为停止仿真,"Reset"按钮为复位并清除显示波形,"Reverse"按钮为改变屏幕背景色。面板上还可以设置触发方式和采样时钟。

6) 逻辑转换仪(Logic Coverter)

逻辑转换仪是 Multisim 特有的虚拟仪器,实验室中并不存在这样的实际仪器。逻辑转换仪能够由逻辑电路得到真值表,由真值表转换为逻辑表达式的最小项之和形式、与或形式、与非形式,由逻辑表达式得到电路图,其图标和面板如图 4-1-12 所示。图标上共有 9 个端,前边 8 个端可用于连接电路输入端,后边 1 个端用于连接电路的输出端。通常只在需要将逻辑电路转换为真值表时,才将其图标与逻辑电路相连接。

第 4 章 数字电子技术软件仿真实验

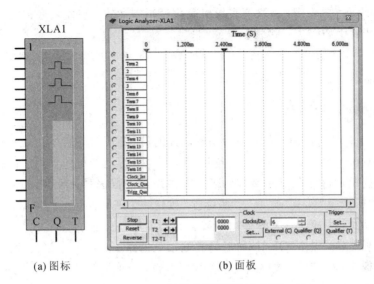

图 4-1-11 逻辑分析仪图标和面板

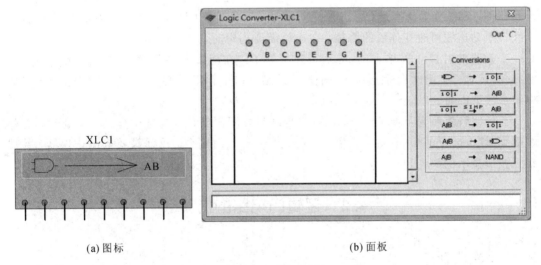

图 4-1-12 逻辑转换仪图标和面板

面板包括三个部分，左边窗口为显示真值表栏，底部栏为显示逻辑表达式栏，"Coversions"选项区为转换控制按钮。

（1）　　→ 1 0 1 ：由逻辑电路转换为真值表，必须先将已画出的逻辑电路的输入端和输出端连接到逻辑转换仪的相应端上。

（2）　1 0 1 → A|B ：由真值表得到逻辑表达式，必须在真值表栏中输入真值表。建立真值表的一种方法是根据输入端数，单击逻辑转换仪面板顶部代表输入端的小圆圈，选定输入信号（由 A 到 H）。此时，真值表栏自动出现输入信号的所有组合，而输出列的初始值全部为零，可根据所需要的逻辑关系修改真值表的输出值。另一种方法是由已知电路图通过逻辑转换仪转换得到真值表。

(3) ![ioi SIMP AIB]：由真值表导出简化逻辑表达式，在面板底部可得到简化的逻辑表达式，表达式中的"‾"表示逻辑变量的"非"。

(4) ![AIB → ioi]、![AIB → ⟫]、![AIB → NAND]：从逻辑表达式得到真值表、逻辑电路图、与非门逻辑电路。

3. Multisim 的基本操作

用 Multisim 软件对电路进行仿真分析时，首先要创建仿真电路。启动软件时，自动打开一个名为 Circuit1 的空白电路文件，同时打开一个无标题的电路窗口，在关闭电路窗口时系统会自动提示是否保存电路文件，选择保存路径进行保存，与 Windows 应用程序相同。也可单击"File"→"New"或"新建"图标▯，创建一个新文件和电路窗口。

选用元器件时，先确定该元器件属于哪个元器件库，然后分类别去找。在选中的元件库中单击所需元器件，点击"OK"按钮后将其拖动到电路工作区的适当位置。连接电路时，可对元器件进行移动、旋转、删除、设置参数等操作，要取消某一个元器件的选中状态，只需单击电路工作区的空白区域即可。

Multisim 软件提供了自动连线与手动连线两种连接方式。自动连线是将鼠标的箭头移近元器件，箭头变为十字形，单击并拖动至另一元器件引脚，出现红点时单击即完成自动连线。手动连线可改变连线的路径，在连线需要拐弯时，只要在拐弯处单击，然后拖动到另一个元器件引脚再单击一下，导线就连接好了。在连线上放置"结点"可执行"Place"→"Junction"命令，此时光标上带有一个悬浮的结点，将光标移动到所需的电路上，单击鼠标将结点放下即可。

当导线较多时为了便于区分，可以将导线设置不同颜色。先选中导线，单击鼠标选中快捷菜单"Segment color"进行设置。当导线颜色改变时则会改变示波器等测试仪器，并观察到波形显示的颜色。

4.2 逻辑门电路的仿真

一、实验任务

1. 熟悉 Multisim 软件的操作过程。
2. 熟悉各虚拟仪器的使用。
3. 生成与非门电路真值表，观察电路的输入、输出波形。
4. 测量 TTL 非门电路的传输延迟时间。

二、实验仿真步骤

1. 与非门电路的仿真

74LS00 由 4 个 2 输入与非门组成，将它的两个输入端和字信号发生器输出端相连，如图 4-2-1(a)所示。字信号发生器的输出信号设置如图 4-2-1(b)所示。用四通道示波器观察与非门的输入和输出波形，如图 4-2-1(c)所示，从上到下依次为两个输入，一个输出波形。

用逻辑转换仪得出与非门的逻辑真值表：有"0"出"1"，全"1"出"0"，如图4-2-2所示。

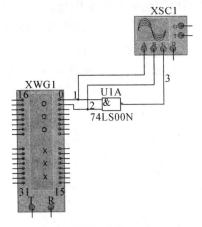

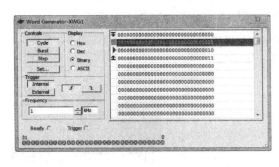

(a) 与非门仿真电路　　　　　　　　(b) 字信号发生器的输出信号设置

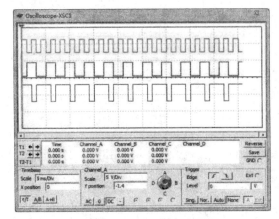

(c) 字信号发生器的波形设置

图4-2-1　与非门仿真电路及结果

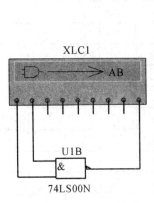

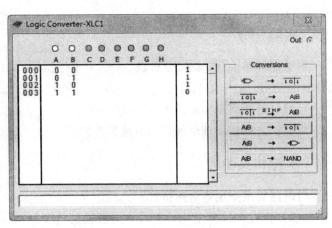

(a) 逻辑转换仪电路　　　　　　　　(b) 逻辑转换仪结果

图4-2-2　与非门逻辑转换仪仿真

2. TTL 非门的传输延迟仿真

信号在通过任何门电路时都存在时间延迟，因为当输入信号发生变化时，TTL 门电路内部的二极管、三极管由导通变为截止或由截止变为导通都需要一定的时间。仿真采用 74LS04TTL 六个非门集成芯片，输入一个方波信号，从示波器上观察输出电压波形比输入波形延迟了一定时间，如图 4-2-3 所示。移动示波器面板上的游标可测量输入、输出波形的延迟时间。

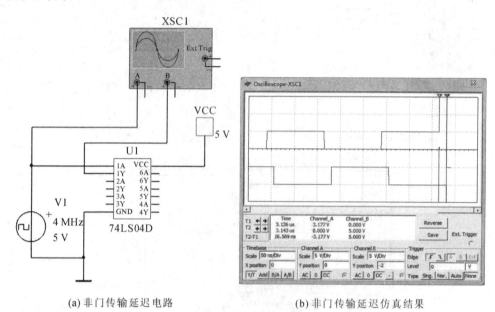

(a) 非门传输延迟电路　　　　　　　(b) 非门传输延迟仿真结果

图 4-2-3　非门传输延迟仿真

4.3　组合逻辑电路的仿真

一、实验任务

1. 熟悉逻辑转换仪、逻辑分析仪、字信号发生器等虚拟仪器的使用。
2. 用门电路实现全加器的电路仿真。
3. 用数据选择器实现全加器的电路仿真。

二、实验仿真步骤

1. 门电路实现全加器电路仿真

全加器是指在加法运算时，考虑来自低位的进位，即由被加数、加数和低位的进位数三者相加的运算。全加器真值表如图 4-3-1 所示，A、B 分别为本位的被加

输入			输出	
A	B	C_{i-1}	S	C_i
0	0	0	0	0
0	0	1	1	0
0	1	0	1	0
0	1	1	0	1
1	0	0	1	0
1	0	1	0	1
1	1	0	0	1
1	1	1	1	1

图 4-3-1　全加器真值表

数和加数，C_{i-1} 为来自低位的进位，S 为本位和，C_i 为向高位的进位。全加器的逻辑表达式为

$$S = A \oplus B \oplus C_{i-1}$$
$$C_i = C_{i-1}(A \oplus B) + AB$$

由 74LS00 与非门和 74LS86 异或门组成的全加器逻辑电路图如图 4-3-2(a) 所示，图中测的是本位和 S 的结果。电路仿真时，双击逻辑转换仪图标打开逻辑转换仪面板，如图 4-3-2(b) 所示。如果要测出向高位的进位结果，把测试线改接到 C_i 端，即可得到向高位进位的结果。

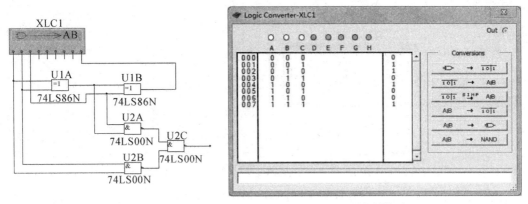

(a) 全加器逻辑电路 (b) 逻辑转换结果

图 4-3-2 全加器电路仿真

2. 数据选择器实现全加器电路仿真

用数据选择器 74LS153 组成全加器电路，如图 4-3-3 所示。

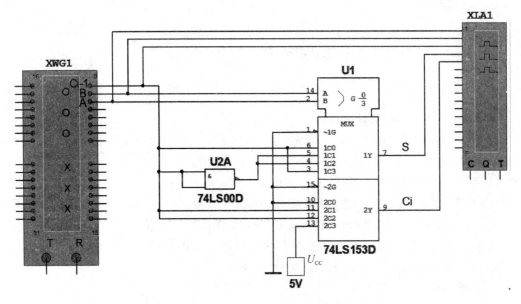

图 4-3-3 74LS153 全加器电路

74LS153 的引脚 7 是全加器的本位和，引脚 9 是全加器的高位进位端。电路中 A、B、C_{i-1} 分别连接字信号发生器，并设置字信号值如图 4-3-4(a)所示。将 S、C 端接到逻辑分析仪，观察输出波形如图 4-3-4(b)所示。

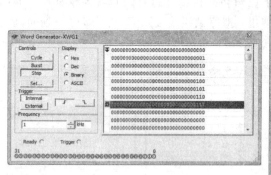
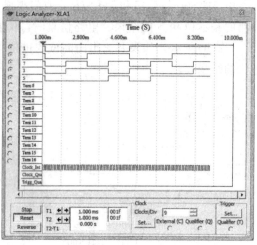

(a) 字信号发生器的字信号设置　　　　　　(b) 逻辑分析仪结果

图 4-3-4　74LS153 全加器电路仿真

4.4　译码器电路的仿真

一、实验任务

1. 掌握译码器电路的设计方法，实现 3/8 线译码器电路的仿真。
2. 掌握 3/8 线-4/16 线译码器的连接方式，实现功能电路的仿真。

二、实验仿真步骤

1. 3 线-8 线译码器仿真

译码器对应于输入的每一位二进制码，只有确定的一条输出线有信号输出。3 线-8 线二进制译码器 74LS138 地址输入端为 A、B、C，地址选择有 8 种组合，即 $ABC=000\sim 111$，由字信号发生器产生，如图 4-4-1 所示。使能端为 G1、~G2B、~G2A（芯片上"~"符号表示"非"逻辑），当 $G1=1$，~G2B+~G2A=0 时，译码器使能。译码器输出端为 $\overline{Y_0}\sim \overline{Y_7}$，低电平有效，即输出端有信号为"0"输出，无信号为"1"输出。

电路仿真时，输出端可接到逻辑分析仪以观察各输出逻辑波形，也可接到虚拟探针 Probe 以进行输出指示，仿真结果如图 4-4-2 所示。

2. 4 线-16 线译码器仿真

利用使能端将两个 3/8 线译码器组合成一个 4/16 线译码器，连接适当的与非门实现如图 4-4-3 所示的电路，观察仿真结果。

第 4 章 数字电子技术软件仿真实验

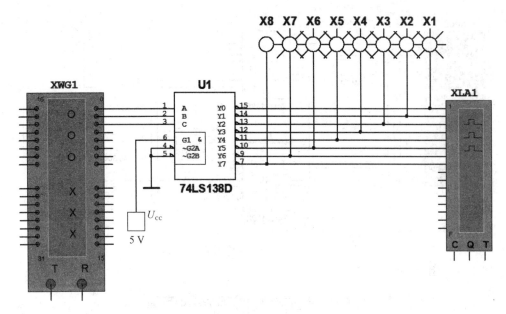

图 4-4-1 3 线-8 线译码器电路

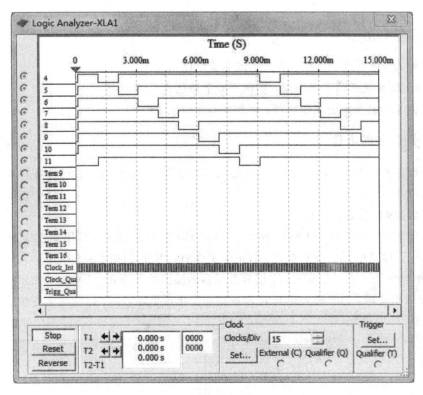

图 4-4-2 3 线-8 线译码器仿真

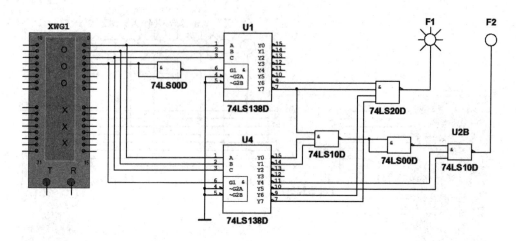

图 4-4-3 4 线-16 线译码器电路仿真

4.5 集成触发器电路的仿真

一、实验任务

1. 掌握 RS 触发器的工作原理,实现实验电路仿真。
2. 掌握 D 触发器的工作原理,实现实验电路仿真。
3. 掌握 JK 触发器的工作原理,实现实验电路仿真。

二、实验仿真步骤

触发器是一个具有记忆功能的二进制信息存储器件,是构成时序电路最基本的逻辑单元。

1. 基本 RS 触发器的仿真

TTL 集成 RS 触发器 74LS279 由 4 个基本 RS 触发器组成,其逻辑功能真值表如图 4-5-1 所示,输入信号低电平有效,但正常工作时,不允许同时为低电平。74LS279 功能测试仿真电路如图 4-5-2 所示,字信号发生器的输出信号为 01、10、11,用示波器观察输入 R、S 和输出波形,每当输入信号 R 和 S 有一个出现下降沿时,Q 的状态发生变化。仿真结果如图 4-5-3 所示。

R	S	Q
0	1	0
1	0	1
1	1	保持

图 4-5-1 基本 RS 触发器真值表

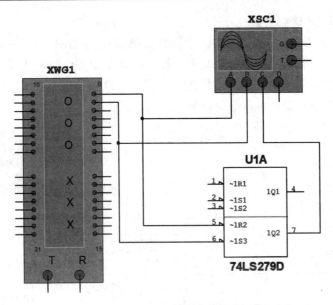

图 4-5-2 基本 RS 触发器电路

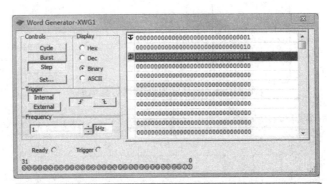

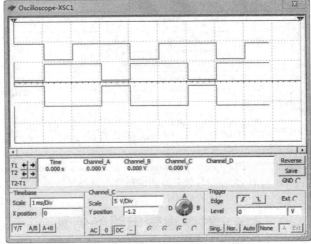

图 4-5-3 基本 RS 触发器电路仿真结果

2. TTL 维持阻塞 D 触发器

TTL 维持阻塞 D 触发器 74LS74 功能测试仿真电路如图 4-5-4 所示，～PR 和 ～CLR 分别是置"1"端和置"0"端，低电平有效。在触发器工作时，～PR 和～CLR 均为高电平，CLK 端外接时钟脉冲信号，D 端接输入信号。D 触发器是在 CP 的上升沿触发，其他时刻触发器的状态不变。仿真结果如图 4-5-5 所示。

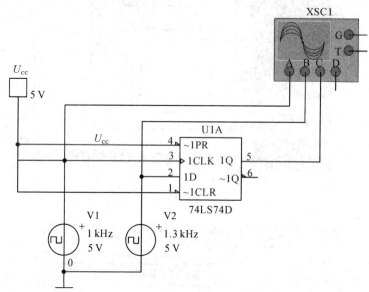

图 4-5-4　D 触发器测试仿真电路

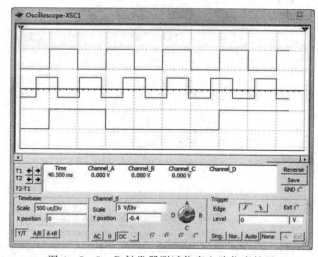

图 4-5-5　D 触发器测试仿真电路仿真结果

4.6　时序逻辑电路的仿真

一、实验任务

1. 掌握时序逻辑电路的设计方法，用 JK 触发器实现异步十进制电路仿真。

2. 掌握集成计数器的设计方法,实现集成十进制异步计数器电路仿真。

二、实验仿真步骤

1. 异步十进制加法计数器的仿真

用下降沿触发的 4 个 JK 触发器 74LS107 组成 8421BCD 码异步十进制加法计数器的仿真电路,如图 4-6-1 所示。计数前,计数器置"0"端加上负脉冲,使计数器处于 $Q_3Q_2Q_1Q_0=0000$ 状态,4 个触发器 $J=K=1$,低位 JK 触发器的 Q 端接入高位的时钟脉冲输入端,Q 端由 1→0 变化时,即 Q 端输出下降沿,满足高位触发器翻转的要求。4 个 JK 触发器 $Q_3Q_2Q_1Q_0$ 应有状态 0000~1111,但对于异步十进制计数,1010~1111 这六个状态不能出现,即 1001 状态之后计数器需清零,4 个计数器的状态回到 0000 状态,通过与非门实现清零。

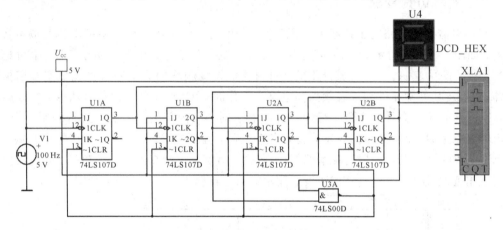

图 4-6-1 异步十进制加法计数器仿真电路

2. 集成十进制异步计数器的仿真

集成十进制异步计数器 74LS90,其 R01、R02 为置"0"端,R91、R92 为置"9"端。仿真电路如图 4-6-2 所示。

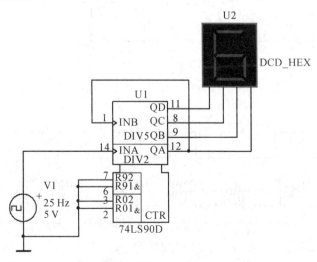

图 4-6-2 集成十进制异步计数器仿真电路

4.7 模拟声音发生器的仿真

一、实验任务

1. 了解 555 定时电路的结构与工作原理。
2. 了解用 555 构成的多谐振荡电路的结构和工作原理。
3. 设计由两个多谐振荡电路构成的频率可调模拟声音发生器,要求调节定时元件试听声音效果。

二、实验仿真步骤

利用多谐振荡电路的工作原理,用两个多谐振荡电路构成一个频率可调的模拟声音发生器,如图 4-7-1 所示。元件 IC_1、IC_2、BL 为电路核心,其中 BL 为扬声器,也可选用 8 Ω、0.25 W 的喇叭。IC_1 及其外围的元件可构成振荡频率约为 1 kHz 的无稳态多谐振荡电路,IC_2 及其外围元件构成音频振荡电路。工作时,IC_1 产生的振荡信号从 IC_1 的 3 脚输出,经过电阻 R_3、二极管 VD_1 加到 IC_2 的 5 脚,对 IC_2 内部的参考电压进行调制。当 IC_1 输出为高电平时,IC_2 的振荡频率降低,当 IC_1 输出为低电平时,IC_2 的振荡频率升高,这样 IC_2 组成的振荡电路的振荡频率被 IC_1 3 脚的输出信号调制在两个音频频率上,进而使扬声器发出近似"滴——嘟——"的声音。用示波器观察输出的声音信号,如图 4-7-2 所示。

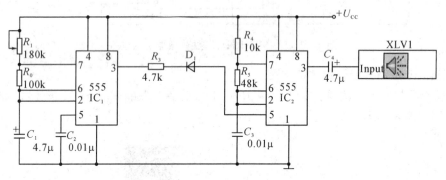

图 4-7-1 模拟声音发生器

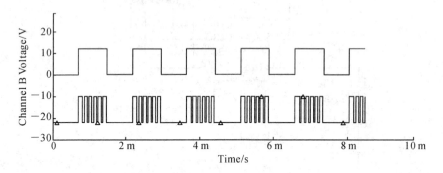

图 4-7-2 模拟声音发生器声音波形

4.8 A/D 和 D/A 转换器的仿真

一、实验任务

1. 了解 8 位 A/D 转换器的工作原理，实现 A/D 电路仿真。
2. 了解 8 位 D/A 转换器的工作原理，实现 D/A 电路仿真。

二、实验仿真步骤

1. A/D 电路仿真

在硬件电路中常用的集成 ADC0809 是一个 8 位 A/D 的实例，但 Multisim 中没有这个集成芯片，只有通用的 ADC，因此选用 Mixed 元件库中的 ADC_DAC 来代替。A/D 的仿真电路如图 4-8-1 所示。

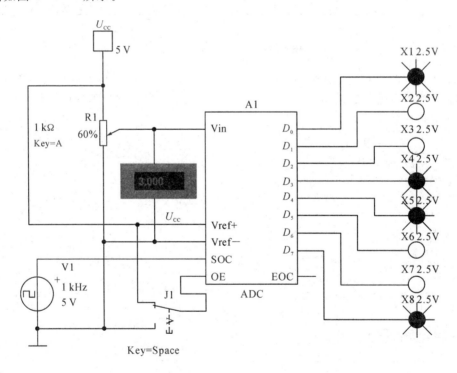

图 4-8-1 A/D 的仿真电路

调节电位器，使输入电压为 3 V，总电压则为 5 V。由于输出的数字信号与输入模拟信号大小成正比，因此转换输出的二进制码为 1001101，可通过虚拟探针观察得到。

2. D/A 电路仿真

在硬件电路中常用的集成 DAC0832 芯片在 Multisim 中也没有，只有通用的 DAC，因此也选用 Mixed 元件库中的 ADC_DAC 来代替。仿真电路如图 4-8-2 所示，使用 VDAC。

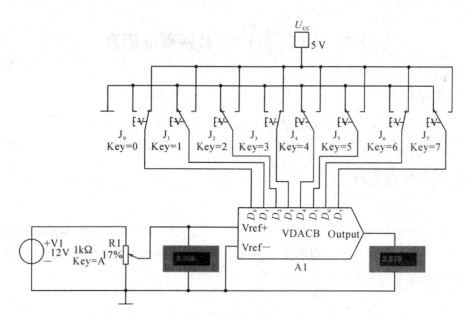

图 4-8-2 D/A 的仿真电路

先在 DAC 数码输入端输入 11111111，调节电位器，设定 DAC 的满额电压为 10 V 左右，然后在输入端输入二进制数 01001001，观察输出电压值，可与理论计算得出的电压值 2.851 V 进行比较。

附录 A DG1022 型双通道函数/任意波形发生器的使用

1. DG1022 的前面板

DG1022 具有简单而功能明晰的前面板，如图 A-1 所示。前面板上包括各种功能按键、旋钮及菜单按键等，用户通过这些按钮可以进入不同的功能菜单或直接获得特定的功能应用。

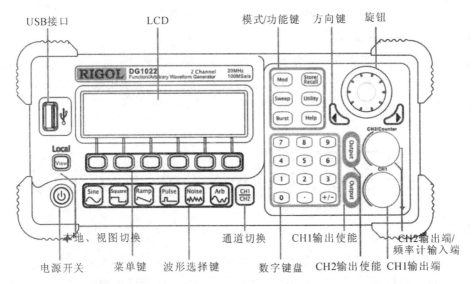

图 A-1 DG1022 型双通道函数/任意波形发生器前面板

2. DG1022 的用户界面

DG1022 双通道函数/任意波形发生器提供了三种界面显示模式：单通道常规模式、单通道图形模式及双通道常规模式（见图 A-2、图 A-3、图 A-4）。这三种显示模式可通过前面板左侧的 View 按键切换。用户可通过 CH1/CH2 来切换活动通道，以便于设定各通道的参数以观察、比较波形。

图 A-2 单通道常规显示模式

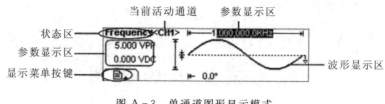

图 A-3 单通道图形显示模式

图 A-4 双通道常规显示模式

3. DG1022 的波形设置

如图 A-5 所示,在操作面板左侧下方有一系列带有波形显示的按键,它们分别是:正弦波、方波、锯齿波、脉冲波、噪声波、任意波,此外还有两个常用按键:通道选择和视图切换键。下面针对正弦波、方波、锯齿波、脉冲波、噪声波的波形选择进行说明,显示模式均在常规显示模式下进行。

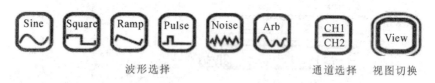

图 A-5 按键选择

(1) 使用"Sine"按键,波形图标变为正弦信号,并在状态区左侧出现"Sine"字样。DG1022 可输出频率为 1 μHz~20 MHz 的正弦波形。通过设置频率/周期、幅值/高电平、偏移/低电平、相位,可以得到不同参数值的正弦波。

图 A-6 所示的正弦波使用系统默认参数:频率为 1 kHz,幅值为 5.0 V(峰-峰值),偏移量为 0 VDC,初始相位为 0°。

图 A-6 正弦波常规显示界面

(2) 使用"Square"按键,波形图标变为方波信号,并在状态区左侧出现"Square"字样。DG1022 可输出频率为 1 μHz~5 MHz 并具有可变占空比的方波。通过设置频率/周期、幅值/高电平、偏移/低电平、占空比、相位,可以得到不同参数值的方波。

图 A-7 所示的方波使用系统默认参数:频率为 1 kHz,幅值为 5.0 V(峰-峰值),偏移量为 0 VDC,占空比为 50%,初始相位为 0°。

图 A-7 方波常规显示界面

(3) 使用"Ramp"按键,波形图标变为锯齿波信号,并在状态区左侧出现"Ramp"字样。DG1022 可输出频率为 1 μHz~150 kHz 并具有可变对称性的锯齿波波形(当对称性为 50%时输出的为三角波)。通过设置频率/周期、幅值/高电平、偏移/低电平、对称性、相位,可以得到不同参数值的锯齿波。

图 A-8 所示的锯齿波使用系统默认参数:频率为 1 kHz,幅值为 5.0 V(峰-峰值),偏移量为 0 VDC,对称性为 50%,初始相位为 0°。

图 A-8 锯齿波常规显示界面

(4) 使用"Pulse"按键,波形图标变为脉冲波信号,并在状态区左侧出现"Pulse"字样。DG1022 可输出频率为 500 μHz~3 MHz 并具有可变脉冲宽度的脉冲波形。通过设置频率/周期、幅值/高电平、偏移/低电平、脉宽/占空比、延时,可以得到不同参数值的脉冲波。

图 A-9 所示的脉冲波形使用系统默认参数:频率为 1 kHz,幅值为 5.0 V(峰-峰值),偏移量为 0 VDC,脉宽为 500 μs,占空比为 50%,延时为 0 s。

图 A-9 脉冲波常规显示界面

(5) 使用"Noise"按键,波形图标变为噪声信号,并在状态区左侧出现"Noise"字样。DG1022 可输出带宽为 5 MHz 的噪声。通过设置幅值/高电平、偏移/低电平,可以得到不同参数值的噪声信号。

图 A-10 所示的波形为系统默认的信号参数：幅值为 5.0 V（峰-峰值），偏移量为 0 VDC。

图 A-10　噪声波常规显示界面

（6）使用 CH1/CH2 键切换通道，可以对当前选中的通道进行参数设置。在常规和图形模式下均可以进行通道切换，以便用户观察和比较两通道中的波形。

（7）使用"View"键切换视图，使波形显示在单通道常规模式、单通道图形模式、双通道常规模式之间切换。

4. DG1022 的输出设置

如图 A-11 所示，在前面板右侧有两个按键，用于通道输出、频率计输入的控制。

（1）使用"Output"按键，启用或禁用前面板的输出连接器输出信号。如图 A-12 所示，已按下"Output"键的通道显示"ON"且 Output 点亮。

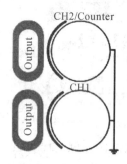

图 A-11　通道输出、频率计输入　　　图 A-12　通道输出控制

（2）在频率计模式下，CH2 对应的 Output 连接器作为频率计的信号输入端，CH2 自动关闭，禁用输出。

5. DG1022 的调制/扫描/脉冲串设置

如图 A-13 所示，在前面板右侧上方有三个按键，分别用于调制、扫描及脉冲串的设置。在 DG1022 信号发生器中，这三个功能只适用于通道 1。

（1）使用"Mod"按键，可输出经过调制的波形，并可以通过设置类型、内调制/外调制、深度、频率、调制波等参数来改变输出波形，如图 A-14 所示。

DG1022 可使用 AM、FM、FSK 或 PM 调制波形，可调制正弦波、方波、锯齿波或任意波形（不能调制脉冲、噪声和 DC）。

图 A-13　调制/扫描/
脉冲串按键

图 A-14　调制波常规显示界面

（2）使用"Sweep"按键，对正弦波、方波、锯齿波或任意波形进行扫描（不允许扫描脉冲、噪声和 DC）。在扫描模式中，DG1022 在指定的扫描时间内从开始频率到终止频率变化输出，如图 A-15 所示。

图 A-15　扫描波形常规显示界面

（3）使用"Burst"按键，可以产生正弦波、方波、锯齿波、脉冲波或任意波形的脉冲串波形输出，噪声只能用于门控脉冲串，如图 A-16 所示。

图 A-16　脉冲波形常规显示界面

6. DG1022 的数字输入设置

如图 A-17 所示，在前面板上有两组按键，分别是左右方向键、旋钮以及数字键盘。

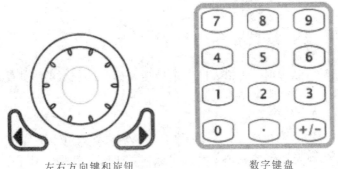

左右方向键和旋钮　　　　　数字键盘

图 A-17　前面板数字输入

(1) 使用左右方向键,可对数值的不同数位进行切换;使用旋钮,可改变波形参数的某一数位值的大小,旋钮的输入范围是 0~9,旋钮顺时针旋一格,数值增 1。

(2) 使用数字键盘,可对波形参数值进行设置,直接改变参数值的大小。

7. 基本波形设置

1) 设置正弦波

使用"Sine"按键,常规显示模式下,在屏幕下方显示正弦波的操作菜单,在屏幕左上角显示当前波形的名称。通过使用正弦波的操作菜单,对正弦波的输出波形参数进行设置。

设置正弦波的参数主要包括:频率/周期、幅值/高电平、偏移/低电平、相位。通过改变这些参数,可以得到不同的正弦波,其参数值设置显示界面如图 A-18 示。

图 A-18 正弦波参数值设置显示界面

(1) 设置输出频率/周期。

① 按"Sine"→"频率/周期"→"频率"键,设置频率参数值。屏幕中显示的频率为上电时的默认值,或者是预先选定的频率。更改参数时,如果当前频率值对于新波形是有效的,则继续使用当前值。若要设置波形周期,则再次按"频率/周期"软键,以切换到"周期"软键(当前选项为反色显示)。

② 输入所需的频率值。使用数字键盘直接输入所选参数值,然后选择频率所需单位,按下对应于所需单位的软键。如图 A-19 所示也可以使用左右键选择需要修改的参数值的数位,使用旋钮改变该数位值的大小。

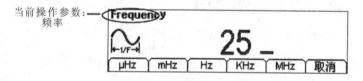

图 A-19 设置频率的参数值

提示说明:

• 当使用数字键盘输入数值时,使用方向键的左键退位,删除前一位的输入,修改输入的数值。

• 当使用旋钮输入数值时,使用方向键选择需要修改的位数,使其反色显示,然后转动旋钮修改此位数字,获得所需要的数值。

(2) 设置输出幅值。

① 按"Sine"→"幅值/高电平"→"幅值"键,设置幅值参数值。屏幕显示的幅值为上电时的默认值,或者是预先选定的幅值。更改参数时,如果当前幅值对于新波形是有效的,则继续使用当前值。若要使用高电平和低电平设置幅值,再次按"幅值/高电平"或者"偏

移/低电平"软键,以切换到"高电平"和"低电平"软键(当前选项为反色显示)。

② 输入所需的幅值。使用数字键盘或旋钮输入所选参数值,然后选择幅值所需单位,按下对应于所需单位的软键,操作界面如图 A-20 所示。

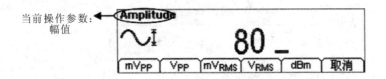

图 A-20 设置幅值的参数值

(3) 设置偏移电压。

① 按"Sine"→"偏移/低电平"→"偏移"键,设置偏移电压参数值。屏幕显示的偏移电压为上电时的默认值,或者是预先选定的偏移量。更改参数时,如果当前偏移量对于新波形是有效的,则继续使用当前偏移值。

② 输入所需的偏移电压。使用数字键盘或旋钮输入所选参数值,然后选择偏移量所需单位,按下对应于所需单位的软键,操作界面如图 A-21 所示。

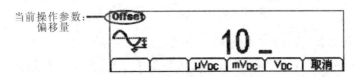

图 A-21 设置偏移量的参数值

(4) 设置起始相位。

① 按"Sine"→"相位"键,设置起始相位参数值。屏幕显示的初始相位为上电时的默认值,或者是预先选定的相位。更改参数时,如果当前相位对于新波形是有效的,则继续使用当前偏移值。

② 输入所需的相位。使用数字键盘或旋钮输入所选参数值,然后选择单位,如图 A-22所示。

图 A-22 设置相位参数

此时,按"View"键切换为图形显示模式,查看波形参数,如图 A-23 所示。

2) 设置方波

使用"Square"按键,常规显示模式下,在屏幕下方显示方波的操作菜单。通过使用方

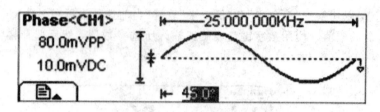

图 A-23　图形显示模式下的波形参数

波的操作菜单，对方波的输出波形参数进行设置。

设置方波的参数主要包括：频率/周期、幅值/高电平、偏移/低电平、占空比、相位。通过改变这些参数，可以得到不同的方波，其参数设置显示界面如图 A-24 所示。

图 A-24　方波参数设置显示界面

这里主要介绍参数"占空比"的设置，其他设置项与正弦波相同。

（1）按"Square"→"占空比"键，设置占空比参数值。屏幕中显示的占空比为上电时的默认值，或者是预先选定的数值。更改参数时，如果当前值对于新波形是有效的，则使用当前值。

（2）输入所需的占空比。使用数字键盘或旋钮输入所选参数值，然后选择占空比所需单位，按下对应于所需单位的软键，信号发生器立即调整占空比，并以指定的值输出方波，如图 A-25 所示。

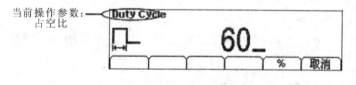

图 A-25　设置占空比参数值

此时，按"View"键切换为图形显示模式，查看波形参数。

附录B DS1000系列双踪数字示波器的使用

1. DS1000系列双踪示波器的前面板

DS1000系列向用户提供简单而功能明晰的前面板，如图B-1所示。面板上包括旋钮和功能按键，旋钮的功能与其他示波器类似。显示屏右侧的一列5个灰色按键为菜单操作键，通过它们，可以设置当前菜单的不同选项；其他按键为功能键，通过它们，可以进入不同的功能菜单或直接获得特定的功能应用。DS1000系列示波器的波形显示界面如图B-2和图B-3所示。

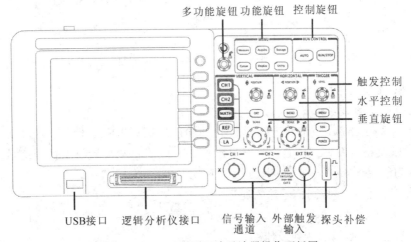

图B-1 DS1000系列双踪示波器操作面板图

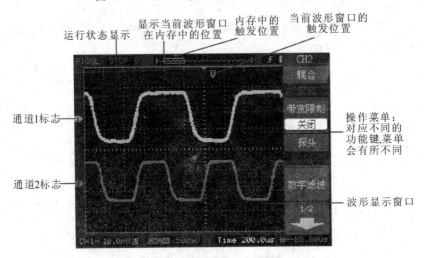

图B-2 波形显示界面(仅模拟通道打开)

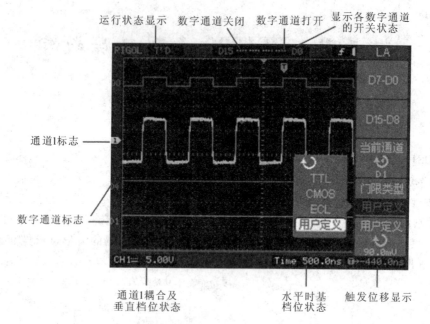

图 B-3 波形显示界面(模拟和数字通道同时打开)

2. 示波器使用说明

1) 波形显示的自动设置

DS1000 系列数字示波器具有自动设置的功能。根据输入的信号,可自动调整电压倍率、时基,以及将触发方式调整至最好显示形态。应用自动设置要求被测信号的频率大于或等于 50 Hz,占空比大于 1%,其方法如下:

(1) 将被测信号连接到信号输入通道。

(2) 按下"AUTO"按钮,示波器将自动设置垂直、水平和触发控制。如有需要,可手工调整这些控制使波形显示达到最佳。

2) 垂直系统的设置

如图 B-4 所示,在示波器垂直控制区(VERTICAL)有一系列的按键、旋钮用于对示波器垂直方向的参数进行设置。

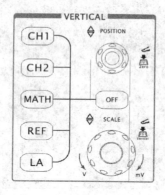

图 B-4 垂直系统操作面板

(1) 旋转垂直 POSITION 旋钮可以调节信号的垂直显示位置。当旋转垂直 POSITION 旋钮时,指示通道地(GROUND)的标识跟随波形而上下移动,通过调节该旋钮可以使波形信号在波形窗口居中的位置显示。

(2) 按下垂直 POSITION 旋钮可以将模拟通道垂直位置恢复到零点。

(3) 旋转垂直 POSITION 旋钮可以改变垂直挡位,即"Volt/div(伏/格)",垂直挡位的变化情况显示在波形窗口下方的状态栏中。

(4) 按下垂直 POSITION 旋钮可作为设置输入通道的粗调/微调状态的快捷键。

(5) 按 CH1、CH2、MATH、REF、LA(混合信号示波器)键,屏幕显示对应通道的操作菜单、标志、波形和挡位状态信息。按 OFF 按键关闭当前选择的通道。

◇ 测量技巧

(1) 如果通道耦合方式为 DC,可以观察波形与信号地之间的差距来快速测量信号的直流分量。

(2) 如果通道耦合方式为 AC,信号里面的直流分量会被滤除。这种方式可以以更高的灵敏度显示信号的交流分量。

(3) 如果通道耦合方式为接地,用示波器将观测不到来自通道的信号。

(4) 可以通过打开测量通道的菜单来设定耦合方式,如图 B-5 所示,选择"耦合"菜单操作键进行设置。

图 B-5 通道操作菜单

3) 水平系统的设置

如图 B-6 所示,在水平控制区(HORIZONTAL)有一个按键、两个旋钮,可以通过该控制区域对水平系统进行设置。

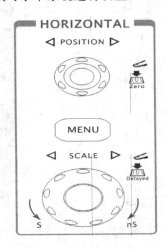

图 B-6 水平系统操作面板

(1) 旋转水平 POSITION 旋钮可以调整信号在波形窗口的水平位置。通过水平 POSITION 旋钮可控制信号的触发位移,当应用于触发位移时,旋转水平 POSITION 旋钮可以观察到波形随旋钮而水平移动。

(2) 按下水平 POSITION 旋钮可以使触发位移(或延迟扫描位移)恢复到水平零

点处。

（3）旋转水平 SCALE 旋钮可以改变水平挡位，即"s/div（秒/格）"，水平挡位的变化情况显示在波形窗口下方的状态栏中。水平扫描速度从 5 ns 至 50 s，以 1-2-5 的形式步进。

（4）按下水平 SCALE 旋钮可以切换到延迟扫描状态。

（5）按"MENU"按钮，显示 TIME 菜单。在此菜单下，可以开启/关闭延迟扫描或切换 Y-T、X-Y 和 ROLL 模式，还可以设置水平触发位移复位。

◇名词解释

触发位移：指实际触发点相对于存储器中点的位置。转动水平 POSITION 旋钮可水平移动触发点。

4）触发系统的设置

如图 B-7 所示，在触发控制区（TRIGGER）有一个旋钮、三个按键，可以对示波器的触发系统进行设置。

（1）旋转 LEVEL 旋钮可以改变触发电平设置。旋转 LEVEL 旋钮，可以发现屏幕上出现一条桔红色（单色液晶系列为黑色）的触发线以及触发标志，随旋钮转动而上下移动。停止转动旋钮，此触发线和触发标志会在约 5 秒后消失。在移动触发线的同时，可以观察到屏幕上触发电平的数值发生了变化。

（2）按 LEVEL 旋钮可以使触发电平恢复到零点。

（3）使用"MENU"按键调出触发操作菜单（如图 B-8 所示），可以改变触发的设置。

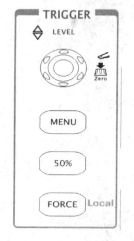

图 B-7 触发系统操作面板

图 B-8 触发菜单操作

- 按 1 号"触发模式"菜单操作键，对"触发模式"进行设置。
- 按 2 号"信源选择"菜单操作键，对触发源进行设置。
- 按 3 号"边沿类型"菜单操作键，设置触发的边沿类型。
- 按 4 号"触发方式"菜单操作键，设置触发方式。
- 按 5 号"触发设置"菜单操作键，进入"触发设置"二级菜单，对触发的耦合方式、触发灵敏度和触发释抑时间进行设置。

注：改变前三项的设置会导致屏幕右上角状态栏发生变化。

（4）按"50%"按钮设定触发电平在触发信号幅值的垂直中点。

（5）按"FORCE"按钮强制产生一个触发信号，主要应用于触发方式中的"普通"和"单次"模式。

5）测量功能

如图 B-9 所示，在 MENU 控制区，"Measure"和"Cursor"为示波器的测量功能按键，"Measure"提供了电压、时间参数的自动测量功能，"Cursor"用于光标测量。

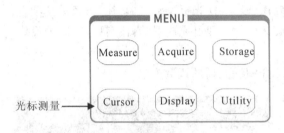

图 B-9 功能菜单操作系统

（1）"Measure"功能菜单操作。按下"Measure"菜单功能键可以打开"Measure"菜单，如图 B-10 所示，通过菜单操作按键可以选择需要测试的信源、测定的参数等，测量值在波形显示区的下方显示出来。图 B-10 中显示的测量数据为全部测量参数。

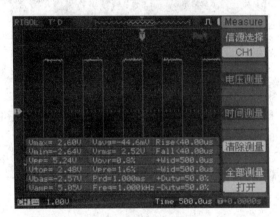

图 B-10 Measure 菜单操作界面

（2）"Cursor"功能菜单操作。光标模式允许用户通过移动光标进行测量。光标测量分为以下三种模式。

① 手动方式：光标 X 或 Y 方式成对出现，并可手动调整光标的间距，显示的读数即为测量的电压或时间值。当使用光标时，需首先将信号源设定成需要测量的波形。

② 追踪方式：水平与垂直光标交叉构成十字光标。十字光标自动定位在波形上，通过旋动多功能旋钮（↻）可以调整十字光标在波形上的水平位置。示波器同时显示光标点的坐标。

③ 自动测量方式：通过此设定，在自动测量模式下，系统会显示对应的电压或时间光

标,以揭示测量的物理意义。系统根据信号的变化自动调整光标位置,并计算相应的参数值。(注意:此种方式在未选择任何自动测量参数时无效。)

6) 菜单操作说明

下面以将 CH1 通道的耦合方式设定为"直流"的操作过程为例,介绍示波器的菜单操作方法。操作步骤如下:

(1) 按下 CH1 按键,在波形显示区右侧可以看到 CH1 通道的操作菜单"CH1"。

(2) 按下 CH1 菜单右边的 1 号"耦合"菜单操作按键,可以看到"耦合"菜单的子菜单选项,其中包含了直流(DC)、交流(AC)与接地(GND)三个选项。

(3) 旋动多功能旋钮(↻),使光标移动到"直流"子菜单选项上。

(4) 按下多功能旋钮(↻),即可完成对"直流"耦合方式的设定。

7) 读数

以图 B-11 为例,介绍示波器的读数方法。

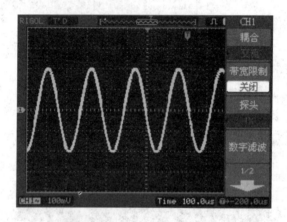

图 B-11　示波器的读数示例

(1) 电压。由图 B-11 可得波形在垂直方向占 4.0 格(大格),当前电压挡位为 100 mV,所以得到波形的峰峰值为 4.0×100 mV$=400$ mV。

(2) 周期。由图 B-11 可得波形在水平方向的一个周期占 2.1 格(大格),当前周期挡位为 100 μs,所以得到的波形周期为 2.1×100 μs$=210$ μs。

附录 C YB2173F 双路智能数字交流毫伏表的使用

1. 特性

YB2173F 双路智能数字交流毫伏表具有以下特性：

(1) 可测正弦波、方波、三角波、锯齿波、脉冲波等不规则的任意波信号的幅度。

(2) 具有双通道、双数显和开关切换显示有效值或分贝值的功能。

(3) 具有共地/浮置功能，以确保在不同电压参考点时安全、准确地测量。

(4) 测量电压和分贝的范围：$300\ \mu V \sim 300\ V$，$-70 \sim +50\ dB$。

(5) 测量电压的频率范围：$10\ Hz \sim 2\ MHz$。

(6) 基准条件下电压的固有误差：(以 1 kHz 为基准)$\pm 1.5\% \pm 3$ 个字。

2. 前面板操作键作用说明

YB2173F 双路智能数字交流毫伏表的前面板如图 C-1 所示。

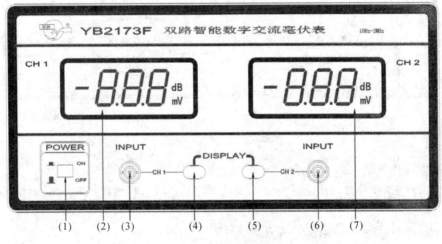

图 C-1 前面板结构图

(1) 电源开关。电源开关按键弹出即为"OFF"位置，将电源线接入，按电源开关以接通电源。

(2) 通道 1(CH1) 电压/分贝显示窗口。LCD 数字面板表显示通道 1(CH1) 输入信号的电压值或分贝值。

(3) 通道 1(CH1) 输入插座。通道 1 的输入信号由此端口输入。

(4) 通道 1(CH1) V/dB 转换开关。此开关弹出时，CH1 的 LCD 数字面板表显示电压的有效值；按入此开关，显示测量信号的分贝值。

(5) 通道 2(CH2) V/dB 转换开关。此开关弹出时，CH2 的 LCD 数字面板表显示电压的有效值;按入此开关,显示测量信号的分贝值。

(6) 通道 2(CH2)输入插座。通道 2 的输入信号由此端口输入。

(7) 通道 2(CH2)电压/分贝显示窗口。LCD 数字面板表显示通道 2(CH2)输入信号的电压值或分贝值。

3. 后面板操作键作用说明

YB2173F 双路智能数字交流毫伏表的后面板如图 C-2 所示。

(1) 共地/浮置操作开关。此开关拨向下方,CH1 和 CH2 共地;此开关拨向上方,CH1 和 CH2 不共地,为浮置状态。

(2) 通道 1(CH1)输出端口。通道 1 的输出信号由此端口输出。

(3) 通道 2(CH2)输出端口。通道 2 的输出信号由此端口输出。

(4) 电源插座。交流电源 220 V 输入插座。

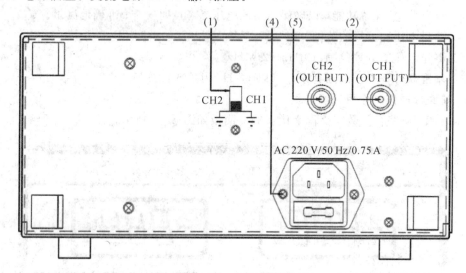

图 C-2 后面板结构图

4. 基本操作方法

(1) 打开电源开关前,首先检查输入的电源电压,然后将电源线插入后面板上的交流插孔。

(2) 电源线接入后,按电源开关以接通电源,并预热 5 分钟。

(3) 将输入信号由输入端口送入交流毫伏表即可。

附录D 常用集成芯片引脚排列

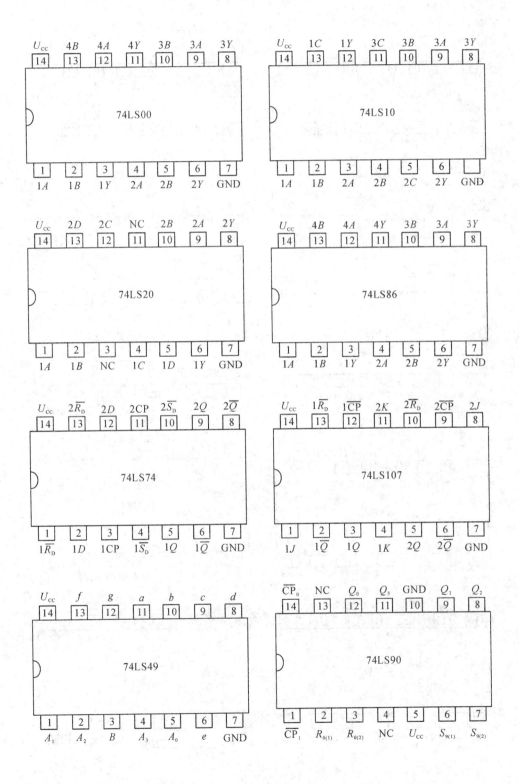

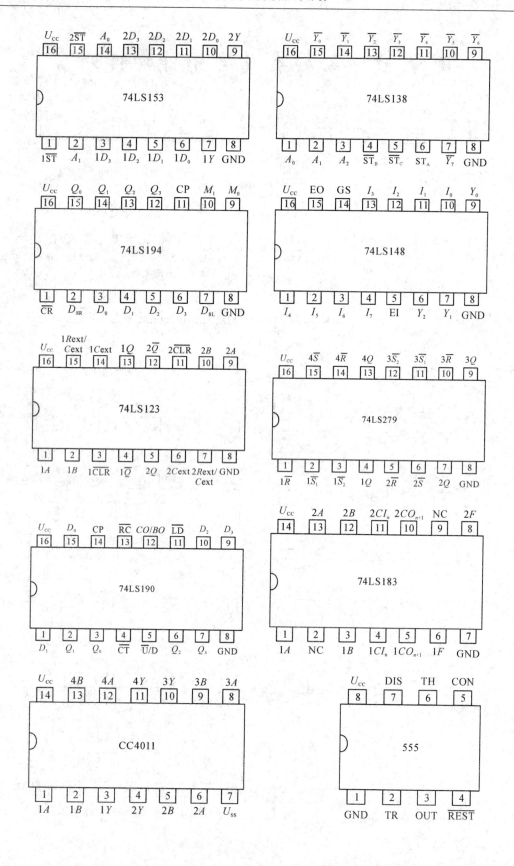

参 考 文 献

[1]　蒋黎红,黄培根.电子技术基础实验&Multisim 10仿真.北京:电子工业出版社,2010.
[2]　汤琳宝,何平.电子技术实验教程.北京:清华大学出版社,2008.
[3]　梁秀梅.电子技术实验教程.北京:中国铁道出版社,2012.
[4]　张建华.数字电子技术.北京:机械工业出版社,2000.
[5]　阎石.数字电子技术基础.北京:高等教育出版社,2001.
[6]　孔庆生,俞承芳.模拟与数字电路基础实验.上海:复旦大学出版社,2005.
[7]　沈小丰.电子线路实验:数字电路实验.北京:清华大学出版社,2007.
[8]　唐颖,陈新民.数字电子技术及实训.杭州:浙江大学出版社,2007.
[9]　刘可文,吴友宇.数字电子电路与逻辑设计.北京:科学出版社,2013.
[10]　华容茂,罗慧芳,陶洪.数字电子技术与逻辑设计.北京:中国电力出版社,2003.
[11]　陈金西,陈伯阳,张泽旺.数字电路实验与综合设计.厦门:厦门大学出版社,2011.
[12]　孙丽霞,殷侠.实用电子电路设计与调试(数字电路).北京:中国电力出版社,2011.
[13]　康华光.电子技术基础:数字部分.5版.北京:高等教育出版社,2009.
[14]　王振红,张常年.电子技术基础实验及综合设计.北京:机械工业出版社,2007.
[15]　卢明智,等.数字电路创意实验.北京:科学出版社,2012.
[16]　王革思.数字电路原理设计与实践教程.哈尔滨:哈尔滨工程大学出版社,2007.
[17]　蒋丽萍,姜萍,等.数字逻辑电路与系统设计.2版.北京:电子工业出版社,2013.
[18]　潘松,陈龙,等.数字电子技术基础.2版.北京:科学出版社,2014.
[19]　梁龙学,李峰,等,数字电子技术.北京:人民邮电出版社,2010.
[20]　宋竹霞,闫丽.数字电路实验.北京:清华大学出版社,2011.